CPEC

国家级实验教学示范中心联席会
计算机学科组规划教材

U0723048

数字逻辑设计
项目教程

全成斌 李山山 陈永强 赵有健 高玉超 编著

清华大学出版社
北京

内 容 简 介

本书将数字系统设计比作武林绝学，并融入丰富、有趣的实例，简洁、生动地讲解相关知识点。本书提供案例核心代码，为各校开展数字逻辑类课程实践提供便利，在提高实践环节教学效果的同时，减轻实验指导教师的压力。

全书分为五篇：第一篇从初入江湖学习必修技能开始，介绍数字系统中常见的接口及其作用，在关键设计上给出示例，让学生对身边的常见接口有所认识，并提出自己可能的设计需求，带着设计需求和问题，去看各种实际问题的解决方法和案例；第二篇是基本功训练篇，介绍各种武功绝学，以江湖传言开始，运用常见接口，结合数字系统功能，设计部件控制器，构成简单的数字系统，此篇旨在练习基本功；第三篇至第五篇深入系统设计，以不同的设计主题，介绍常见的各类数字逻辑设计案例，包括存储应用、硬件算法、视频音频和传感器应用，使读者通过实际应用深入理解和掌握数字逻辑知识。

本书适合作为高等院校信息类专业数字逻辑课程的辅导教材，也可供信息领域从业人员及自学数字逻辑知识的普通读者参考。

图书在版编目（CIP）数据

数字逻辑设计项目教程 / 全成斌等编著. -- 北京 ：清华大学出版社，2025. 5.
（国家级实验教学示范中心联席会计算机学科组规划教材）. -- ISBN 978-7-302-69227-0

Ⅰ. TN79

中国国家版本馆 CIP 数据核字第 2025RY9507 号

责任编辑：付弘宇
封面设计：刘　键
责任校对：徐俊伟
责任印制：刘海龙

出版发行：清华大学出版社
　　　　　网　　址：https://www.tup.com.cn，https://www.wqxuetang.com
　　　　　地　　址：北京清华大学学研大厦 A 座　　　邮　　编：100084
　　　　　社 总 机：010-83470000　　　　　　　　邮　　购：010-62786544
　　　　　投稿与读者服务：010-62776969，c-service@tup.tsinghua.edu.cn
　　　　　质量反馈：010-62772015，zhiliang@tup.tsinghua.edu.cn
　　　　　课件下载：https://www.tup.com.cn，010-83470236
印 装 者：天津鑫丰华印务有限公司
经　　销：全国新华书店
开　　本：185mm×260mm　　印　　张：16　　　　　字　　数：398 千字
版　　次：2025 年 6 月第 1 版　　　　　　　　　　印　　次：2025 年 6 月第 1 次印刷
印　　数：1～1500
定　　价：49.00 元

产品编号：071742-01

前　言

想要在 IT 的江湖中踏实行走,一定要将数字逻辑作为最稳的一个支点,无论你主攻的是电子信息、计算机还是自动化方向,只要你的未来在信息科学这个江湖中,数字逻辑就是你必备的技能和功底。

如果你正想开创自己的数字人生路,就让我们用各种武学智慧,一起帮你点亮别样的数字人生!

1. 行走江湖的要求

好奇心和想象力是推动人类伟大进步和变革的核心力量,大学教育的目标之一就是培养具有好奇心和想象力的人才。特别是为了适应 IT 江湖,在数字逻辑功夫训练中,需要激发学生的好奇心和想象力,这是奠定其未来江湖地位的基础。

经过多年实践,我们发现,设计具有特定功能的数字系统通常是将好奇心与想象力转化为真本领的有效途径。数字化系统通常需要合作实现,这是培养学生适应团队合作、勇于主动担责和解决问题的有效途径,而这些是行走 IT 江湖的必备技能。

2. 寻找武功秘籍

想练就行走 IT 江湖必有的绝技,就需要数字逻辑的武功秘籍。以计算机方向为例,数字逻辑是"计算机组成原理""计算机体系结构"等计算机专业核心理论和技术的基础。掌握数字逻辑电路设计技术是计算机专业学习的基本要求,掌握该技术最有效的方法就是设计一个专用数字系统,而江湖(企业)中最受欢迎的武功(能力)就是熟练使用硬件描述语言,与必要的外围硬件模块相结合,设计一个有特定功能的数字系统。

带着对未来 IT 江湖的向往,相信你一定充满了好奇心和想象力,可是如何设计你构想的数字系统呢?你一定特别期待有这么一本武功秘籍,渴望秘籍告诉自己想象的任务是可行的,希望自己和同学组成的小团队能胜任,能通过有效的组织和管理在有限的时间内实现这个数字系统,从此开启自己光明的数字人生。

3. 修炼

为师者会考虑如何组织学生有效地完成数字系统设计,展现他们的好奇心和想象力。经过多年的实践和修炼我们发现,项目管理的方法是行之有效的。项目管理方法主要是指将数字系统项目分为立项、设计、实施、验收等环节的管理方法。从立项申请开始,就要论证项目的可行性:确认学生的创新能力和想象力,系统可能具备哪些功能,需要使用哪些硬件设备,配套设计哪些接口和协议,这些都是项目可行性分析的要素。

为学者会提出项目任务,每个项目都有明确的工作期限。每个项目可以划分为几个独立的子模块,每个子模块相当于一个独立的并发任务。为学者可以在老师的监督下自发地安排这些任务。当然项目设计的可行性评价通常需要老师根据修炼的经验做出可行性评估。

数字系统设计主要采用硬件描述语言,以 FPGA 为数字系统的核心来完成。考虑到每个项目的复杂度不同,需要哪些硬件资源,包括 FPGA 的逻辑和存储资源、硬件系统的接口资源等,这些都需要在修炼之初就明确。

对于这套修炼方法,编者已经通过国际教育前沿会议的论文做了系统阐述,不过那最多就是一套心诀,修炼真功夫是一招一式的练习。

4. 秘籍得成

编者行走江湖多年,一直在寻找这样的修炼秘籍,好在无论是为学阶段还是为师阶段都注意积累,终于汇聚成此秘籍。

这里没有花拳绣腿,没有赘述心诀,也没有讲很多江湖故事,只是用心把初入江湖的必修技、基本功训练做了详细阐述,以典型的存储应用、硬件算法、视频音频和传感器应用为例,融汇了必修内功,展示了多种可修炼的套路和武功,并介绍了少林、华山等中华数字武术的各路绝学。

5. 秘籍的使用

为师者,可以参考所介绍的心法,从所阐述的必修技法和基本功中,选出想教授给弟子的部分,以所列典型应用为模板,教授弟子练就其一,便可以扶弟子上马,顺利行走 IT 江湖了。

为学者,相信你很好奇在数字逻辑的天地间到底可以学到什么。建议你先了解必修技法和基本功,知道可为与不可为,然后根据自己的心性和功底,参考少林、华山等各路绝学,创建能放飞自己想象力的新系统、新武功。凭此武功,相信你从此将开启一段闪亮的数字人生。

本秘籍是在清华大学计算机实验教学中心设计与开发的数字逻辑设计实验平台上不断摸索、沉淀而成,平台的核心是 FPGA(EP2C70F672C8)。修炼时不必限于相同的平台,只要 FPGA 的资源不低于上述平台采用的 FPGA,有足够可扩展的接口,就可以参考本秘籍使用。

6. 致谢

此秘籍能顺利诞生,除了编者的努力外,还要感谢清华大学计算机系 2012 级至 2014 级多名同学的积极协助,感谢王少清博士、邓理睿博士、喻明理同学的积极甄选和整理,感谢 2016 级何家傲、毛晗扬、王晓智、李根、康鸿博、李映辉、徐嘉诚、陈智康、李源隆等多位同学的协助修改和整理。

另外,还要特别感谢清华大学出版社责任编辑对于本书内容的精心策划和编辑工作,为本书的顺利出版提供了支持和保障。

本书编者为前 5 章内容录制了讲解视频,读者用微信扫描相应章标题旁边的二维码,即可在线观看视频。

编　者

2025 年 1 月

源码下载

目 录

第五篇 华山绝学篇——音视频处理

第一篇

入门拜师篇——接口基础

　　本篇将引领您初见数字江湖，数字系统由功能逻辑系统核心和外部接口共同组成，本篇将引领您从外部认识一个数字系统，主要是认识常见的几种接口。这是一个数字系统与外部通信的接口，可以把本篇当做接口江湖通关指南。

第1章

串　口

🔑 1.1　技能简介

技能名称：串口。全称为串行接口或串行通信接口（通常指COM 口），是一种常见的数据通信扩展接口。此乃初入江湖必备技能，与江湖中各位大侠的初次交流全靠此技，可谓神技也。

1. 串口特点

串口是将字节拆分成一位一位的形式，在一条传输线上逐位发送，具有传输线路少、传输距离远、传输成本低、传输控制比并口通信复杂的特点。

2. 传输方式

单工方式：数据只能沿着一个方向传输，无法反向。

半双工方式：数据传输可以双向传输，但需要进行分时控制。

全双工方式：数据传输可以双向同时进行（一般采用此工作方式）。

3. 串口通信协议及引脚定义

按照协议，串口可以分为 RS232、RS422、RS485 等，本案例主要介绍与 RS232 相关的内容。

串口一般采用 DB9 接口，如图 1-1 所示，图 1-1(a)为串口母头，图 1-1(b)为串口公头。

(a) 母头　　　　　　　　(b) 公头

图 1-1　串口 DB9 接口

以图 1-1(b)为参照,串口公头左上第一个引脚为 1 号脚,右上第一个脚为 5 号脚,左下第一个脚为 6 号脚,右下第一个脚为 9 号脚。而母头的引脚顺序则与公头有区别,公头的 5 脚为母头的 1 脚,公头的 1 脚为母头的 5 脚,公头的 6 脚为母头的 9 脚,公头的 9 脚为母头的 6 脚。见表 1-1。

表 1-1　DB9 引脚定义

引脚序号	简　　称	引脚定义
1	CD	载波检测
2	RXD	接收数据（数据流向：终端到 PC）
3	TXD	发送数据（数据流向：PC 到终端）
4	DTR	数据终端准备好
5	GND	信号地线
6	DSR	数据准备好
7	RTS	请求发送
8	CTS	清除发送
9	RI	响铃指示器

其中,最常用的信号线为 RXD、TXD、GND,其他信号作为握手信号,不用它们也可以实现串口数据通信。

4. 串口通信实验目的及实验内容

学习用硬件描述语言设计完成基本接口。

掌握 RS232 接口的基本工作原理和控制方法。

通过使用 VHDL 语言完成 RS232 接口的数据发送和接收,并通过串口调试工具完成验证。

🔑 1.2　见招拆招

此乃串口技能核心要领,学习与理解的程度将直接影响其发挥的功力,如果运用得当将会事半功倍,当遇到问题一筹莫展时,运用此技也可能会出现奇迹!

串口数据帧的格式如图 1-2 所示。

起始位	D_0	D_1	D_2	D_3	D_4	D_5	D_6	D_7	校验位	结束位
0				数据位					（空）	1
LSB ——————————————————→ MSB										

图 1-2　串口数据帧格式

信号线上存在两种逻辑状态:逻辑 1(高电平)、逻辑 0(低电平)。在发送端无数据发送(闲置)时,数据线应保持在逻辑 1 的状态。

起始位(START):发送端是通过发送一个起始位信号,来启动一组数据传输的。当发送端向数据线发送一个逻辑 0 信号时,表示发送数据即将开始。

数据位（DATA）：在起始位之后就是要传输的数据位，数据位一般采用 8 位为一个帧数据单位，低位（LSB）在前，高位（MSB）在后。

校验位（PARITY）：此位为一个特殊的数据位，用来检测接收到的数据位是否有误，一般采用奇偶校验，但是在使用时通常取消此位。

结束位（STOP）：当 8 位数据传输完后即为结束位，用一个逻辑高电平表示数据传输的结束。

帧：从起始位到结束位的时间间隔称为一帧。

串口波特率：指的是信号被调制以后在单位时间内的变化次数，比如每秒钟传送 9600 个二进制位，这时串口波特率为 9600b/s。

1.3　牛刀小试

串口通信大致可以分为 4 个设计模块：顶层模块、波特率发生器、接收模块和发送模块。其中顶层模块是整体框架，其他 3 个模块的关系如图 1-3 所示。

图 1-3　串口通信的功能模块

1. 顶层模块

顶层模块是串口结构的总体框架，包含了串口的所有功能模块：波特率发生器、接收模块和发送模块。

1）顶层接口

顶层接口代码如下：

```
entity uart is
port(
            clk : in std_logic;                            -- 100MHz 时钟
            rst : in std_logic;
            rx : in std_logic;
            LEDRX: out std_logic_vector(7 downto 0);    -- 接收 rx 数据显示到数码管
            tx : out std_logic
        );
end entity;
```

接口信号说明如下：

clk：系统输入时钟频率 100MHz。

rst：复位信号。

rx：串口数据接收端口。

LEDRX：将接收到的 8 位串口数据显示到数码管。

tx：串口数据发送端口。

2）波特率时钟发生器

（1）计算分频系数。

本实验的串口采用全双工工作模式，波特率采用的是 115 200b/s，系统时钟 100MHz，通过正确的分频系数计算出所需要的串口波特率的时钟。

为了与 115 200 波特率一致，分频系数算式如下，

```
100000000/115200 = 867
signal cnt                          :integer range 0 to 867 : = 0;
signal uart_clk                     :std_logic;
```

signal cnt：用来记录系统时钟的周期个数，系统时钟每经过一个时钟周期则 cnt 计数加 1（cnt<=cnt+1），当计算到与分频系数相同的时候，这时则需要产生一个波特率时钟上升沿，同时 cnt 计数清零。

signal uart_clk：代表波特率时钟。

（2）计数器进程。

计数器进程是用来处理计数器两个状态：计数器重置和计数状态。

计数器重置：当经过一个系统时钟的上升沿时，如果计数器计满一个分频系数或者波特率的使能信号为 0，计数器将被置 0。

计数状态：当经过一个系统时钟的上升沿，如果不满足计数器重置状态，则计数器自动增 1。

计数器进程代码如下：

```
bps:process(rst,clk)
begin
                        if rst = '0' then
                            cnt <= 0;
                        elsif (clk'event and clk = '1')     then    -- 时钟计数器
                                if cnt =  867   then
                                    cnt <= 0;
                                else
                                    cnt <= cnt + 1;
                                end if;
                        end if;
end process;
--------------------- 波特率发生器
process(clk,rst)
begin
                if rst = '0' then
                    uart_clk <= '0';
                    elsif   clk'event and clk = '1' then
                        if (cnt = 867) then
                        uart_clk <= '1';                    -- 波特率高电平
                        else
                        uart_clk <= '0';                    -- 波特率低电平
                        end if;
```

```
            end if;
    end process;
```

（3）波特率时钟产生进程。

该进程是用来产生波特率时钟的高低电平变化,包含两个状态:高电平和低电平。

当以系统时钟为基准的计数器数值与分频系数一致时则将 uart_clk 置为高电平,否则为低电平。

2. 串口接收模块

对串口接收模板的状态分析如下:

串口的接收模块是一个将串行数据转化成为并行数据的过程。当检测到接收信号后(一位低电平信号),每经过一个波特率时钟周期,系统会将 rx 接收到的数据存入寄存器中,把 8 位寄存器全部存满,然后检验下一位是否为停止位(rx 为高电平),如果检测到高电平信号(即停止位),就把接收到的 8 位数据发送给 8 位数码管,检查接收的数据是否正确。

为了表示每个阶段执行不同的命令,需要添加一个计数器来表示不同的阶段,在每一个波特率时钟的上升沿进行跳转,每计数一次跳转到下一个阶段,其中 0 阶段用来检测起始信号,1～8 阶段用来接收 rx 接收的数据,9 阶段用来检测是否为停止位。

```
signal cnt2    : integer range 0 to 9;              -- 状态跳转计数器
signal rx8bit  : std_logic_vector(7 downto 0);      -- 接收数据的寄存器
```

将串行数据转化成为并行数据的过程代码如下:

```
process(rst,clk)
    begin
        if rst = '0' then
            rx8bit < = (others = >'1');
        elsif uart_clk'event and uart_clk = '1' then
            case cnt2 is
                when 0  = > if rx = '0' then
                                                    cnt2 < = cnt2 + 1;
                                                    end if;
                when 1  = > rx8bit(0)< = rx;
                                                    cnt2 < = cnt2 + 1;
                when 2  = > rx8bit(1)< = rx;
                                                    cnt2 < = cnt2 + 1;
                when 3  = > rx8bit(2)< = rx;
                                                    cnt2 < = cnt2 + 1;
                when 4  = > rx8bit(3)< = rx;
                                                    cnt2 < = cnt2 + 1;
                when 5  = > rx8bit(4)< = rx;
                                                    cnt2 < = cnt2 + 1;
                when 6  = > rx8bit(5)< = rx;
                                                    cnt2 < = cnt2 + 1;
                when 7  = > rx8bit(6)< = rx;
                                                    cnt2 < = cnt2 + 1;
                when 8  = > rx8bit(7)< = rx;
```

```
                                                    cnt2 < = cnt2 + 1;
            when 9  = >      if rx = '1' then
                                    LEDRX < = rx8bit;
                                    end if;
                                    cnt2 < = 0;
            when others = > cnt2 < = 0;
        end case;
    end if;
end process;
```

3. 串口发送模块

1）状态分析

串口发送模块相对于接收模块操作比较简单,就是将从接收端发送过来的并行数据转换成串行数据发送出去,其实就是串口接收模块的逆过程。

发送端需要发送 10 位信号表示一个完整的串口数据帧,在空闲状态时,tx 端口应该一直保持为高电平状态,当接收端数据接收完毕后,发送端开始工作,首先在第一个波特率时钟周期,向外发送一个低电平信号作为开始发送的标志位。然后将接收端缓存中的 8 位数据分为 8 个波特率时钟周期传输给 tx 端口,当 8 位数据发送完毕后,在经过一个波特率时钟周期,将 tx 置为高电平,作为结束发送的标志位。

数据向外发送进程即为将并行信号转为串行信号的过程,同接收过程一样,需要定义一个计数器(cnt1)表示不同的发送阶段,功能与接收模块一致。

状态跳转计数器代码如下:

```
process(rst,clk)
begin
    if rst = '0' then
        cnt1 < = 0;
    elsif uart_clk'event and uart_clk = '1' then
        if cnt1 = 9 then
            cnt1 < = 0;
        else
            cnt1 < = cnt1 + 1;
        end if;
    end if;
end process;
```

将并行数据转化成为串行数据的过程代码如下:

```
process(rst,clk)
    begin
        if rst = '0' then
            tx < = '0';
        elsif clk'event and clk = '1' then
            case cnt1 is
                when 0  = > tx < = '0';              -- 起始位,发送低电平
                when 1  = > tx < = tx8bit(0);
                when 2  = > tx < = tx8bit(1);
                when 3  = > tx < = tx8bit(2);
```

```
                    when 4  = > tx < = tx8bit(3);
                    when 5  = > tx < = tx8bit(4);
                    when 6  = > tx < = tx8bit(5);
                    when 7  = > tx < = tx8bit(6);
                    when 8  = > tx < = tx8bit(7);
                    when 9  = > tx < = '1';            -- 停止位,发送高电平
                    when others = > tx < = '0';
                end case;
            end if;
        end process;
```

为了便于观察发送模块的实验结果,在代码中将八位二进制数"10000000"保存到发送模块计数器 tx8bit 中,然后发送端口会将二进制数 10000000 发送到串口监视器,十六进制显示为 80,观察串口监视器的结果即可验证。

至此,串口的所有模块全部实现。

2) 实验验证

可借助串口调试助手验证自己的实验结果,将波特率设置为 115 200b/s,数据位 8 位,无校验位,停止位 1 位。可以观察到数据接收窗口中不断接收串口 tx 发送的数据,这与设计一致。tx 端口发送的数据如图 1-4 所示。同时在串口调试工具的数据发送串口中发送十六进制的 44,即二进制的 01000100,观察实验板上的 LED 灯是否与发送的数据一致(1 高电平,0 低电平),rx 端口接收到的数据如图 1-5 所示。

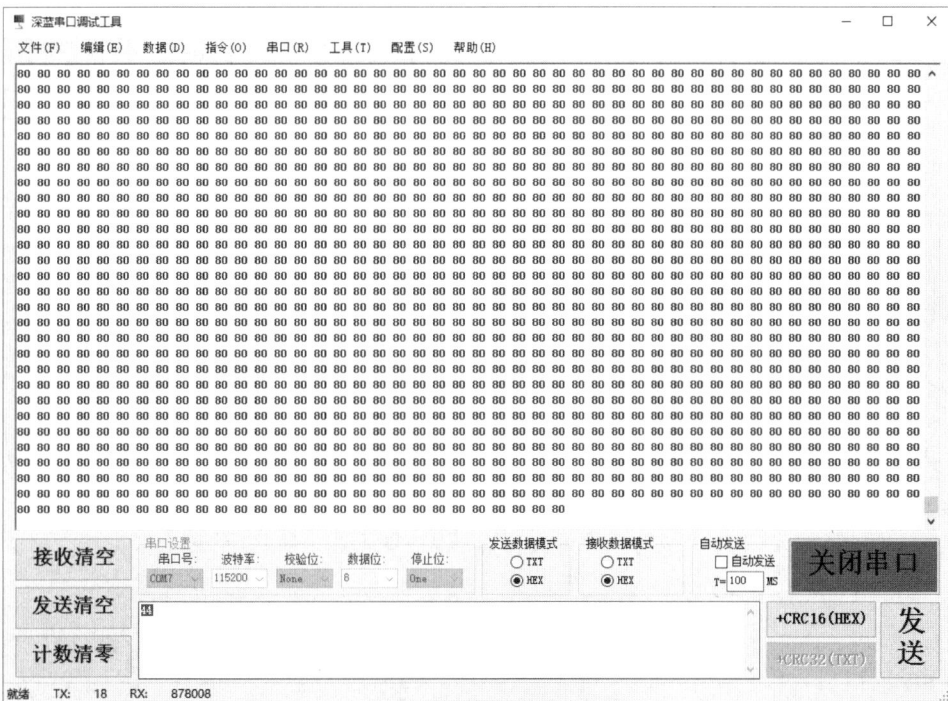

图 1-4　tx 端口发送的数据

图 1-5　rx 端口接收到的数据

1.4　自身修炼

在完成以上串口实验后,可以尝试通过这种方式向串口发送其他数据,例如通过实验板中的按键输入键值等,或者将接收到的串口数据显示在数码管上。

第 2 章

PS/2接口(键盘)

2.1　技能简介

技能名称：PS/2 接口。

搭配武器：键盘。

此技能配合武器使用方能产生巨大威力，该武器就是传说中的键盘，因此本技能往往配合键盘搭配使用。

1. PS/2 键盘工作方式

键盘是一个简单的矩阵按键的集合，通过按下不同的按键产生不同的命令，内部处理器负责监视哪个按键被按下或者被释放，同时把编码发送给键盘内部的译码器，经过译码之后通过 PS/2 接口发送给 PC，而 PS/2 接口将数据串行地发送给 PC。

2. PS/2 接口传输方式

传输方式：同步串行传输。

3. 接口引脚定义

采用 6 脚 mini-DIN 连接器，该连接器在封装上更小巧，如图 2-1 所示，图 2-1(a)为 PS/2 接口母头及其引脚顺序示意图，图 2-1(b)为 PS/2 接口公头及其引脚顺序示意图。PS/2 6 脚连接器引脚定义见表 2-1。

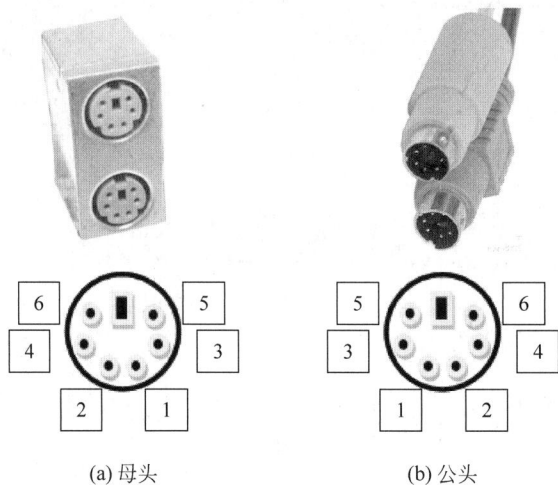

(a) 母头   (b) 公头

图 2-1   6 脚 mini-DIN 连接器

表 2-1   PS/2 6 脚连接器引脚定义

引　脚　号	引　脚　定　义
1	数据位（Keyboard data）
2	未定义，保留（Reserved）
3	地（GND）
4	电源（5VDC）
5	时钟（Keyboard Clock）
6	未定义，保留（Reserved）

虽然 PS/2 接口设置有 6 个引脚，但是真正使用的也只有其中的 4 个。其中，数据位是用来与 PC 进行串行传输数据的，地即为地线，电源为 5V 供电，时钟为同步时钟信号。

4. PS/2 接口的实验内容及目的

（1）学习并掌握 PS/2 接口的通信协议原理。

（2）通过原理的学习完成 PS/2 键盘接口的模块设计。

（3）实现使用 PS/2 接口并用开发板的数码管显示键盘扫描码。

🔑 2.2   见招拆招

本技能上手较快，通过对每一步招式的详细介绍，目的是使你完成修炼，达到技能与武器合二为一的境界。

1. PS/2 数据帧的格式

图 2-2 所示为键盘扫描时序图。

START DATA1 DATA2 DATA3 DATA4 DATA5 DATA6 DATA7 DATA8 PARITY STOP

起始　数据　数据　数据　数据　数据　数据　数据　数据　奇偶　停止
位　1bit　1bit　1bit　1bit　1bit　1bit　1bit　1bit　校验　位

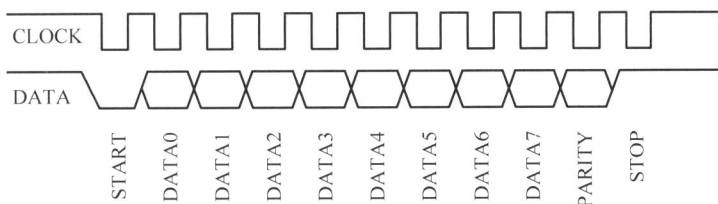

图 2-2　键盘扫描时序图

2．帧格式解析

（1）起始位：代表一帧数据发送的开始标志位，当检测到起始位时，才会进行数据扫描。

（2）数据位 1～8：代表传输的有效数据，即扫描产生的有效数据。

（3）奇偶校验：判断发送的数据是否有误，如果数据位中 1 的个数是偶数，则校验位就为 1；如果数据位中 1 的个数是奇数，校验位为 0。一旦数据有误则此帧无效。

（4）停止位：代表一帧的结束，当接收到此信号，则停止扫描采样。

当按下键盘上的某一按键时，就会产生一组连续的波形，通过键盘的时钟采样就会产生唯一的编码，该编码称为通码，当按键弹起时，同样会产生一组编码，该编码称为断码。所有的通码都是 1 字节，而断码需要 2 字节，断码是在通码之前加入 F0。

例如，当按下 F 键，这时键盘就会按照上面的帧格式产生如下一组数据：

起始位：0；

数据位（8bit）：0010（2）1011（B）；

奇偶校验位：0；

停止位：1；

F 键的 16 进制通码即为 2B；

F 键的 16 进制断码即为 F02B。

2.3　牛刀小试

本次实验的内容就是将键盘上的按键通码的 16 进制内容显示在两个数码管上。

PS/2 键盘接口设计可以分为 3 个设计模块：顶层模块、键盘数据处理模块、数码管模块。关键模块如图 2-3 所示。

1．顶层模块

顶层模块是 PS/2 键盘接口的整体框架，它包含了 PS/2 键盘接口内部的数据处理模块元件例化，及为了保证能显示 1 字节的通码，元件例化生成的两个 7 段数码管。

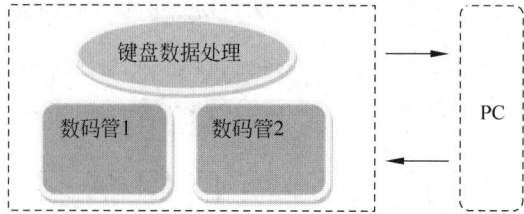

图 2-3　PS/2 键盘接口设计模块

顶层接口代码如下：

```
entity top is
port(
        datain: in std_logic;
        clkin: in std_logic;       -- 11.0592M
        fclk: in std_logic;        -- 100M
        rst_in: in std_logic;
        seg0: out std_logic_vector(6 downto 0);
        seg1: out std_logic_vector(6 downto 0)
);
end top;
```

接口信号说明如下。

datain：键盘的数据输入接口。

clkin：PS/2 同步时钟接口。

fclk：系统时钟。

rst_in：系统复位。

seg0：数码管。

seg1：数码管。

2．键盘数据处理模块

本模块是 PS/2 接口与键盘进行数据处理的核心模块，在本模块内需要对几个关键信号进行处理，包括开始位、数据位的采集、奇偶校验位、停止位。

键盘数据处理模块接口代码如下：

```
entity Keyboard is
port (
        datain, clkin : in std_logic;
        fclk, rst : in std_logic;
        scancode : out std_logic_vector(7 downto 0)
    );
end Keyboard;
```

接口信号说明如下。

datain：键盘数据输入接口。

clk：键盘同步时钟输入接口。

fclk：系统时钟。

rst：系统复位。

scancode：扫描码信号。

1）同步时钟下降沿的判断

因为规定同步时钟下降沿的时刻对数据进行采样，所以需要对键盘同步时钟进行电平判断，以确定数据采样时间点。由于系统时钟频率高于同步时钟，可以使用系统时钟对采样时钟进行电平信号采集，连续采样两个时间点判断电平高低，如果第一个采样点为高电平，第二个采样点为低电平，则开始对数据进行采样。

关键信号：clk，clk1，clk2。

clk1：用来保存第一个采样点。

clk2：用来保存第二个采样点。

clk：当 clk1 的采样数据为 1，clk2 的采样电平为 0 时，此时为同步时钟的下降沿，对数据进行采样，同时把 clk 赋为 '1'。即，每当 clk ＝ '1' 的时候，开始对键盘输入数据进行采样。

2）数据帧的采样处理

键盘的一帧数据是由 11 个 bit 组成，因此需要按照数据帧的格式对数据判断并进行采样。这里采用状态机设计，通过设计 13 个状态表示数据帧处理的每一个过程。

```
type state_type is (delay, start, d0, d1, d2, d3, d4, d5, d6, d7, parity, stop, finish) ;
```

其中，delay 代表初始状态，start 代表数据帧的开始位，d0～d7 代表键盘数据，parity 代表奇偶校验位，stop 代表停止位，finish 代表数据接收完毕，将扫描码发送出去阶段。

这里定义一个 code 信号作为 8 位数据位的缓存，当执行到停止位阶段时，把 code 信号发送给 scancode，以保证数据的完整性。

首先系统进入 delay 状态，start 作为下一个状态，接下来就是数据帧中每一位的信号判断，在 start 状态中对开始位进行判断，当键盘数据为 0 时则进入下一个状态，否则回到初始状态。依次类推进行每一位的判断。

3）奇偶校验位的处理

为了保证数据接收的正确性，需要对接收到的 8 位数据进行奇偶校验，需要加入一个信号来保存奇偶校验的结果。

```
signal odd      :     std_logic;——奇偶校验位
```

而键盘自己产生的奇偶校验把校验位也加入到数据中进行奇校验，而数据帧采样只是对 8 位数据进行校验，属于偶校验，因此需要对比系统的校验位与 odd 位的值，如果两个校验位结果不同，则数据正确，否则返回到初始阶段。

键盘数据处理模块代码如下：

```
case state is
                    when delay =>
                        state <= start;
                    when start =>
                        if clk = '1' then
                            if data = '0' then
                                state <= d0;
                            else
                                state <= delay;
                            end if;
                        end if;
```

```
when d0  = >
    if clk  =  '1' then
        code(0) < = data;
        state < = d1;
          ⋮
WHEN parity = >
    IF clk  =  '1' then
        if (data xor odd)  =  '1' then
            state < = stop;
        else
            state < = delay;
        end if;
    END IF;
WHEN stop = >
    IF clk  =  '1' then
        if data  =  '1' then
            state < = finish;
        else
            state < = delay;
        end if;
    END IF;
```

3. 数码管模块

本模块负责接收扫描码,同时进行数据解析并显示到 7 段数码管上。需要注意的是,1 字节的扫描码需要两个译码器进行译码并用两个 7 段数码管显示(其中一个数码管负责高 4 位译码,另一个数码管对低四位进行译码,再合并成一个通码),因此在顶层模块要同时例化两个数码管元件。

```
entity seg7 is
port(
code: in std_logic_vector(3 downto 0);
seg_out : out std_logic_vector(6 downto 0)
);
end seg7;
```

接口信号说明如下。

code:负责接收扫描码。

seg_out:显示译码后的扫描码。

至此,PS/2 接口的招式全部介绍完毕,可通过对比键盘扫描码对照表验证实验的正确性。

2.4 自我修炼

传说中还有另一种武器常常与键盘一起出现,它就是传说中的鼠标。通过查阅鼠标的数据发送规则完成鼠标的 PS/2 接口实验,通过 7 段数码管显示鼠标位置的坐标。

第 3 章

PS/2接口(鼠标)

3.1 技能简介

技能名称：PS/2 接口。

搭配武器：鼠标。

PS/2 接口常常也同鼠标搭配使用,键盘和鼠标均为行走江湖常见武器。

1. PS/2 鼠标工作方式

PS/2 鼠标一般为两键或者两键加滚轮(三键)的结构,同时配有定位器。通过对鼠标的移动或者按下不同的按键产生不同的数据发送给主机进行控制。

2. 接口传输方式

PS/2 鼠标接口为双向同步串行协议,与键盘传输协议一致。

3. 接口引脚定义

与键盘接口引脚定义相同。

4. PS/2 鼠标接口的实验内容及目的

(1) 学习并掌握 PS/2 鼠标接口的通信协议原理。

(2) 使用 FPGA 实现 PS/2 鼠标接口。

(3) 结合数码管完成鼠标光标位置坐标的显示。

3.2 见招拆招

鼠标也是接口江湖常见武器之一,较之于键盘,掌握本技能的难度稍有提高,一旦掌握将会极大提升。鼠标与键盘在数据的传输上

不完全相同,键盘与主机之间只是单向通信,即键盘向主机发送数据,主机只接收数据。而鼠标则是双向通信,主机既向鼠标发送数据,同时也接收鼠标发送的数据。因此,在数据传输的控制上相对于键盘要复杂一些。这里以三键鼠标为例,介绍一下鼠标的工作原理。

3.2.1 PS/2 鼠标数据帧格式

PS/2 鼠标数据帧格式见表 3-1。

表 3-1   PS/2 鼠标数据帧格式

	DATA7	DATA6	DATA5	DATA4	DATA3	DATA2	DATA1	DATA0
BYTE1	Y overflow	Y overflow	Y Sign bit	Y Sign bit	Always 1	Middle button	Right button	Left button
BYTE2	X movement							
BYTE3	Y movement							

鼠标向主机传输数据时序如图 3-1 所示。主机向鼠标传输数据时序如图 3-2 所示。

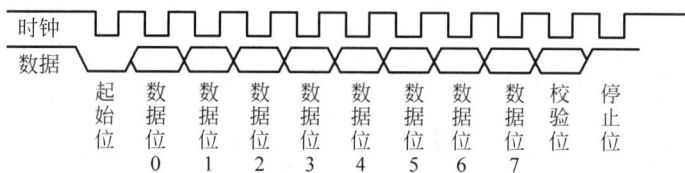

图 3-1   鼠标向主机传输数据时序

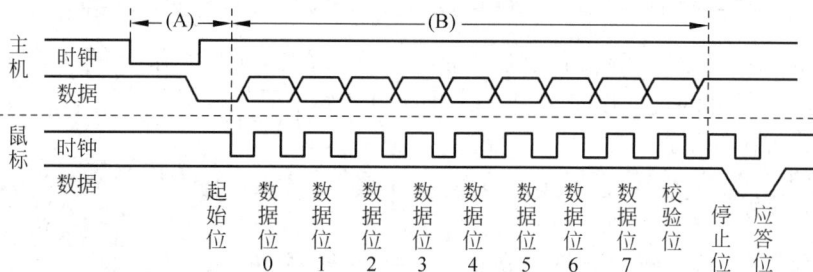

图 3-2   主机向鼠标传输数据时序

3.2.2 帧格式解析

标准的三键 PS/2 接口鼠标一般是由 3 字节构成,其中:

BYTE1 中的 DATA0、DATA1、DATA2 分别代表三键鼠标的左、右、中三个按键的状态,状态值为 0 表示抬起,为 1 表示按下;

BYTE2 表示鼠标 X 轴移动计量值,是二进制补码值;

BYTE3 表示鼠标 Y 轴移动计量值,是二进制补码值。

移动计量值保存在对应的位移计数器中,位移计数器用九位的二进制整数补码表示。其最高位作为符号位出现,而每一字节只有 8 位,因此这个符号位放在第一字节中。当鼠标位置发生变化时,位移计数器的值被更新。位移计算器可表示的范围是 $-255 \sim +255$。如果鼠标的移动超出这个范围,则对应的溢出标志位就会被设置,一旦移位计数器将数据发送给主机，并发送成功，则移位计数器会被复位。

3.3　牛刀小试

鼠标有多种操作模式，但一般都工作在一种模式下，即 Stream 模式。在此模式下，主机向鼠标发送 0XF4 命令，一旦鼠标接收到此命令，会用 0XFA 进行应答，并复位移位寄存器，完成鼠标的初始化工作。主机根据应答命令来判断鼠标是否应答正确，如果鼠标应答正确，则接受并解析鼠标发送的数据包，从中获取相应的数据，作出反馈。本实验结合数码管，将鼠标发送的数据包进行解析并用数码管显示出来。

设计思路：使用 3 个数码管显示鼠标 X 坐标值，再用 3 个数码管显示 Y 坐标值，左中右三个按键可以通过余下的数码管和设计好的特定值来显示（例如：当按下左键时数码管就显示数字 1）。

1. 设计流程

设计流程如图 3-3 所示。

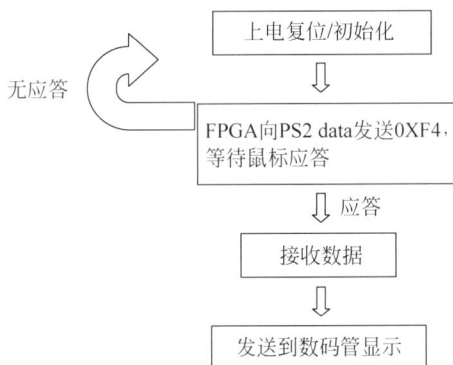

图 3-3　设计流程图

2. 接口定义

接口定义代码如下：

```
entity ps2_mouse is
  port( clk_in : in std_logic;
        reset_in : in std_logic;
        ps2_clk : inout std_logic;
        ps2_data : inout std_logic;
        left_button : out std_logic;
        right_button : out std_logic;
        middle_button : out std_logic;
        mousex: buffer std_logic_vector(9 downto 0);
        mousey: buffer std_logic_vector(9 downto 0);
        error_no_ack : out std_logic );
end ps2_mouse;
```

关键信号说明代码如下：

```
constant x_max:integer: = 800;
constant y_max:integer: = 600;
constant total_bits: integer: = 33;              -- number of bits in one full packet
constant watchdog: integer: = 100;              -- number of sys_clks for 400usec
constant debounce_timer : integer: = 2;         -- number of sys_clks for debounce:2
signal m1_state, m1_next_state : m1statetype;    -- the two states
signal m2_state, m2_next_state : m2statetype;
signal watchdog_timer_done,debounce_timer_done : std_logic; -- signals of command from host to
                                                 -- mouse
signal q : std_logic_vector(total_bits - 1 downto 0);       -- bit sequence
signal bitcount : std_logic_vector(5 downto 0);             -- bit count

signal watchdog_timer_count : std_logic_vector(8 downto 0);  -- wait time
signal debounce_timer_count : std_logic_vector(1 downto 0);  -- debounce time
signal ps2_clk_hi_z : std_logic;                -- without keyboard, high z equals 1 due to pullups
signal ps2_data_hi_z : std_logic;               -- without keyboard, high z equals 1 due to pullups

signal clean_clk : std_logic;                   -- debounced output from m1, follows ps2_clk
signal rise,n_rise : std_logic;                 -- output from m1 state machine
signal fall,n_fall : std_logic;                 -- output from m1 state machine

signal output_strobe : std_logic;               -- latches data into the output registers(选通脉冲)
signal packet_good : std_logic;                 -- check whether the data is valid
signal clk,reset : std_logic;
signal count : std_logic_vector(20 downto 0);
```

代码中把鼠标 X、Y 方向移动的坐标范围分别定义为 800 和 600。

由于鼠标的数据流长度为 3 字节，每字节加上起始位、校验位和停止位，一共是 33bit。

FPGA 与鼠标的通信分为两个状态：

- FPGA 向鼠标写入数据的状态；
- FPGA 从鼠标读取数据的状态(与键盘一致)。

3. 部分代码

(1) 当 FPGA 上电后，主机首先向鼠标发送数据并等待鼠标应答。代码如下：

```
case m2_state is
    when m2_reset =>      -- after reset, send command to mouse.
      m2_next_state <= m2_hold_clk_l;

    when m2_wait =>
      if (fall = '1') then
        m2_next_state <= m2_gather;
      else
        m2_next_state <= m2_wait;
      end if;

    when m2_gather =>
      if watchdog_timer_done = '1' and bitcount = total_bits then
        m2_next_state <= m2_use;
      else
```

```
        m2_next_state <= m2_gather;
     end if;

  when m2_use =>
     output_strobe <= '1';
     m2_next_state <= m2_wait;

-------------------------------------------
-- the following 9 states are used to send host command to mouse
-- for enable the stream mode, then wait the response from mouse
-- Due to the protocol, we must send an "0xF4" to enable it!!

  when m2_hold_clk_l =>
     ps2_clk_hi_z <= '0';        -- this starts the watchdog timer,主机时钟拉低!
     if (watchdog_timer_done = '1') then
       m2_next_state <= m2_data_low_1;
     else
       m2_next_state <= m2_hold_clk_l;
     end if;

  when m2_data_low_1 =>
     ps2_data_hi_z <= '0';       -- forms start bit, d[0] and d[1]
     if (fall = '1' and (bitcount = 2)) then
       m2_next_state <= m2_data_high_1;
     else
       m2_next_state <= m2_data_low_1;
     end if;

  when m2_data_high_1 =>
     ps2_data_hi_z <= '1';       -- forms d[2]
     if (fall = '1' and (bitcount = 3)) then
       m2_next_state <= m2_data_low_2;
     else
       m2_next_state <= m2_data_high_1;
     end if;

  when m2_data_low_2 =>
     ps2_data_hi_z <= '0';       -- forms d[3]
     if (fall = '1' and (bitcount = 4)) then
         m2_next_state <= m2_data_high_2;
     else
       m2_next_state <= m2_data_low_2;
     end if;

  when m2_data_high_2 =>
     ps2_data_hi_z <= '1';       -- forms d[4],d[5],d[6],d[7]
     if (fall = '1' and (bitcount = 8)) then
         m2_next_state <= m2_data_low_3;
     else
         m2_next_state <= m2_data_high_2;
     end if;

  when m2_data_low_3 =>
     ps2_data_hi_z <= '0';        -- forms parity bit
```

```
          if (fall = '1') then
            m2_next_state <= m2_data_high_3;
          else
            m2_next_state <= m2_data_low_3;
          end if;

      when m2_data_high_3 =>
          ps2_data_hi_z <= '1';    -- allow mouse to pull low (ack pulse)
          if (fall = '1' and (ps2_data = '1')) then
            m2_next_state <= m2_error_no_ack;
          elsif (fall = '1' and (ps2_data = '0')) then
            m2_next_state <= m2_await_response;
          else
            m2_next_state <= m2_data_high_3;
          end if;
      ---------------------------------------------------
      when m2_error_no_ack =>
          error_no_ack <= '1';
          m2_next_state <= m2_error_no_ack;

      when m2_await_response =>
          m2_next_state <= m2_use;

      when others => m2_next_state <= m2_wait;
    end case;
  end process;
```

（2）比特流计数器及串行接收 PS2 data 的数据并且保存到向量 q 中，并行发送给相关接口。代码如下：

```
bitcnt: process (reset, clk)
begin
  if (reset = '1') then
    bitcount <= (others =>'0');
  elsif (clk'event and clk = '1') then
    if (fall = '1') then
      bitcount <= bitcount + 1;
    elsif (watchdog_timer_done = '1') then
      bitcount <= (others =>'0');
    end if;
  end if;
end process;
------------------------------------------
dataseq: process (reset, clk) -- 移位寄存器,串入并出 33 位数据,含 3 组
begin
  if (reset = '1') then
    q <= (others =>'0');

  elsif (clk'event and clk = '1') then
    if (fall = '1') then
      q <= ps2_data & q(total_bits - 1 downto 1);
    end if;
  end if;
end process;
```

（3）鼠标按键的处理。代码如下：

```
button: process (reset, clk)  -- 处理按键
begin
  if (reset = '1') then
    left_button <= '0';
    right_button <= '0';
    middle_button <= '0';
  elsif (clk'event and clk = '1') then
    if (output_strobe = '1') then
      left_button <= q(1);
      right_button <= q(2);
      middle_button <= q(3);
    end if;
  end if;
end process;
```

（4）鼠标的 XY 坐标的处理。代码如下：

```
x: process (reset, clk)                    -- 处理 X 坐标
begin
  if (reset = '1') then
    mousex <= CONV_STD_LOGIC_VECTOR(x_max/2,10);   -- 400
  elsif (clk'event and clk = '1') then
    if (output_strobe = '1') then
      if ((mousex >= x_max and q(5) = '0') or (mousex <= 1 and q(5) = '1')) then
        mousex <= mousex;
      else
        mousex <= mousex + (q(5) & q(5) & q(19 downto 12));
      end if;
    end if;
  end if;
end process;


y: process (reset, clk)                    -- 处理 Y 坐标
begin
  if (reset = '1') then
    mousey <= CONV_STD_LOGIC_VECTOR(y_max/2,10);   -- 300
  elsif (clk'event and clk = '1') then
    if (output_strobe = '1') then
      if ((mousey >= y_max and q(6) = '1') or (mousey <= 1 and q(6) = '0')) then
        mousey <= mousey;
      else
        mousey <= mousey + (not (q(6) & q(6) & q(30 downto 23)) + "1");
      end if;
    end if;
  end if;
end process;
```

最后，把相应的数据通过译码器和数码管显示得到鼠标的数据，与 PS2 键盘的实现方法基本一致，这里不再给出代码。

🔑 3.4 自我修炼

以上完成了两键鼠标的功能实现,而现在的主流鼠标一般为三键式。三键鼠标(一般包括可以按下的滚轮)与两键鼠标的区别就在于前者会向主机发送 4 字节的数据,读者可以尝试查阅相关资料,完成三键鼠标的数据读取及解析。

第 **4** 章

VGA接口

4.1 技能简介

技能名称：VGA 接口。

此技能招式优美,动作华丽,具有极强的视觉冲击效果。

VGA(Video Graphics Array)是应用最为广泛的视频图形模拟信号输出接口。一般 PC 与显示器的接口就采用此类型接口。经过显卡处理后的信息最终都要输出到显示器上,而 VGA 就成为了两者之间的桥梁,过去的 CAT 显示器只接收模拟信号,VGA 就只向显示器输出模拟信号,但是现在的液晶显示器可以接收数字信号,为了兼容 VGA,也保留了此接口。

1. VGA 的显示方式

VGA 是支持模拟信号的视频图像传输接口,因此终端在向 VGA 接口发送信号时需要将数字信号转换为模拟信号(D/A)。在接收端(一般指显示器),如果是模拟信号显示器,则接收到的模拟信号将直接被显示器内部的处理电路进行处理,驱动显像管生成图像。如果接收端是数字显示器(如 LCD 液晶显示器等),就需要显示器内部将接收的模拟信号再转换为数字信号(A/D),然后发送到显示器上。

2. 接口引脚定义

VGA 接口是一种 D 型接口,上面共有 15 针孔,分成 3 排,每排 5 个,如图 4-1 所示。除了 2 根 NC(Not Connect)信号、3 根显示数据总线和 5 个 GND 信号,比较重要的是 3 根 RGB 彩色分量信号和 2 根扫描同步信号 HSYNC 和 VSYNC。接口信号排序如图 4-2 所示。表 4-1 为 VGA 接口引脚信号定义。

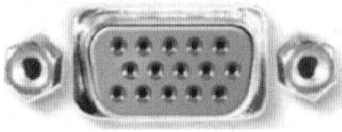

图 4-1   VGA 接口

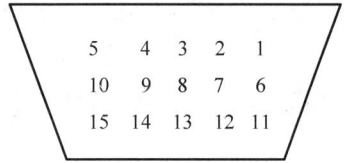

图 4-2   VGA 接口信号排序示意图

表 4-1   VGA 接口引脚信号定义

引 脚 编 号	信 号 定 义	信 号 描 述
1	RED	红基色信号
2	GREEN	绿基色信号
3	BLUE	蓝基色信号
4,11,12,15	ADDRESSID	地址码
5	Self-Test	自测试信号
6	RED GND	红基色信号地
7	GREEN GND	绿基色信号地
8	BLUE GND	蓝基色信号地
9	RESERVED	保留
10	DGND	数字地
13	HSYNC	水平(行)同步信号
14	YSYNC	垂直(列)同步信号

其中,红、绿、蓝 3 个信号为模拟电压信号,VGA 接口协议规定 VGA_R、VGA_G、VGA_B 分别为红、绿、蓝三基色模拟电压,电压值为 0～0.714V peak-peak(峰-峰值),0V 代表无色, 0.714V 代表满色。为了输出类似模拟信号值,在实验平台的电路中通过匹配电阻进行分压处理,实现了数字信号到模拟信号的转换,最后再发送给 VGA 接口。

行数据同步信号 HSYNC 与垂直同步信号 VSYNC 均为 TTL 电平。

🔑 4.2   见招拆招

本技能最核心的要领就是要控制好时序,时序的控制熟练程度将直接决定此技能的威力。

1. 显示原理

显示器的显示原理为从显示器的左上角的第一个点开始,从左向右逐点扫描,每当扫描至显示器一行的最后一个点,电子束将回到下一行的第一个点继续扫描,以此类推直到完成整个显示器的扫描,就完成了一副图像的显示,也就形成了一帧。

完成一行扫描的时间即为水平扫描周期,其倒数就是行同步信号频率。同理,垂直扫描周期的倒数即为场同步信号频率。

而每次从某一行最后一个点回归到下一行的第一个点时,电子束是需要时间的,如果在这个期间电子束继续工作,将会破坏整幅图像的显示,因此这段时间需要给电子束一个信号,控制电子束停止工作,这个信号被称为行消隐信号。同理,在一帧结束,下一帧开始垂直信号回归到第一行的时候也需要消隐,称为场消隐信号。

2. 时序分析

VGA 一共有两个信号需要时序控制,即行同步信号(如图 4-3 所示)和场同步信号(如图 4-4 所示)。

图 4-3 行同步信号

图 4-4 场同步信号

从图中可以看出,要显示一行的数据需要具备两个条件:第一个就是要产生一个行同步的信号 HSYNC,即行同步,周期=a+b+c+d。a、b、c、d 这 4 段是该信号需要分别保持的时间,其中 a 时段内保持低电平。信号周期长短与所要显示的分辨率有关。第二个条件就是要产生需要显示一行的数据信号,在 c 段(显示时序段)内输出有效数据。同理,场同步信号也需要具备类似的条件,即场同步 VSYNC 和相应数据才能完成显示工作。

4.3 牛刀小试

接下来就以 $640 \times 480@60\text{Hz}$ 为例,完成一幅简单图像的显示。

首先定义 VGA 接口信号。代码如下:

```
entity VGA_Controller is
    port (
    -- VGA Side
        VGA_CLK : out std_logic;
        hs,vs : out std_logic;                      -- 行同步、场同步信号
        oRed : out std_logic_vector (2 downto 0);   -- 位宽
        oGreen : out std_logic_vector (2 downto 0); -- 位宽
        oBlue : out std_logic_vector (2 downto 0);  -- 位宽
    -- RAM side
--      R,G,B : in std_logic_vector (9 downto 0);
--      addr: out std_logic_vector (18 downto 0);
```

```
    -- Control Signals
        reset : in std_logic; -- 复位
        CLK_in : in std_logic -- 时钟                    -- 100MHz 时钟输入
    );
end entity VGA_Controller;
```

屏幕可以这样划分：每一行有 800 个时钟点，其中 640 个时钟点是显示数据的时钟点，而每一场有 525 行，其中 480 行为数据有效显示行。可知完成一幅图需要 $800×525×60$ 约为 25MHz 时钟，因此需要产生一个 25MHz 时钟。

CLK_4 信号为 100MHz 时钟经过 4 分频产生的 25MHz 时钟。定义时钟代码如下：

```
-- VGA
    signal CLK,CLK_2,CLK_4 : std_logic;
    signal rt,gt,bt : std_logic_vector (2 downto 0); -- 颜色信号
    signal hst,vst : std_logic;
    signal x : std_logic_vector (9 downto 0);            -- X 坐标
    signal y : std_logic_vector (8 downto 0);            -- Y 坐标
```

然后对 VGA 进行像素扫描，定义两个信号，x 信号代表每一行的像素数量，y 信号代表场区间的行数。代码如下：

```
    process (CLK, reset)                   -- 行区间像素数(含消隐区)
    begin
```

行像素扫描

```
        if reset = '0' then
            x <= (others => '0');
        elsif CLK'event and CLK = '1' then
            if x = 799 then             -- 当 x = 799 时 把 0 赋值给 x
                x <= (others => '0');
                x <= x + 1;             -- 时钟信号每增加一次 x 记录一次
            end if;
        end if;
    end process;
```

```
    process (CLK, reset)                   -- 场区间行数(含消隐区)
    begin
```

场区间行数扫描

```
if reset = '0' then
    y <= (others => '0');
elsif CLK'event and CLK = '1' then
    if x = 799 then
        if y = 524 then
            y <= (others => '0');
        else
            y <= y + 1;
        end if;
    end if;
end if;
end process;
```

由前面对同步信号的时序分析可知,通过对 x,y 坐标的控制来产生行同步和场同步信号。代码如下:

```
process (CLK, reset)            -- 场同步信号产生(同步宽度 2,前沿 10)
begin
```

产生场同步信号

```
if reset = '0' then
    vst <= '1';
elsif CLK'event and CLK = '1' then
    if y >= 490 and y < 492 then
        vst <= '0';
    else
        vst <= '1';
    end if;
end if;
end process;
```

```
process (CLK, reset)            -- 行同步信号产生
begin
```

产生行同步信号

```
if reset = '0' then
    hs <= '0';
elsif CLK'event and CLK = '1' then
    hs <= hst;
end if;
end process;
```

当同步信号产生后,就需要向显示器输出对应的颜色信号 oRed,oBlue,oGreen。

将屏幕分成 6 个区域,每一个区域显示不同的颜色。通过对 x 信号进行控制,将每一行

分成 3 列,再将场分成上下两个部分,由 y 信号进行控制,这样就得到了 6 个区域,如图 4-5 所示。

0<x<213　y<240	213<x<426　y<240	x>426　y<240
0<x<213　y>240	213<x<426　y>240	x>426　y>240

图 4-5　屏幕 6 个区域分布

然后对 oRed、oBlue、oGreen 进行赋值,通过发送代表不同颜色的数值,将产生不同颜色的信号。彩色输出代码如下:

```
process (hst, vst, rt, gt, bt)　 -- 色彩输出
begin
    if hst = '1' and vst = '1' then
        oRed <= rt;
        oGreen <= gt;
        oBlue <= bt;
    else
        oRed <= (others => '0');
        oGreen <= (others => '0');
        oBlue <= (others => '0');
    end if;
end process;
```

最后,将得到由 6 个不同颜色区域所组成的图像并输出到显示器当中。

4.4　自我修炼

以上完成的是一幅静态图像的显示,还可以让图像动态显示。通过按键或者其他输入,让图像的颜色随之发生变化。

第5章

SRAM接口

5.1 技能简介

技能名称：SRAM 接口。

此技能为内功修炼技能，通过学习可以显著提升自己的内功水平，更有助于修炼其他更加复杂的技能，亦可配合其他技能发挥更大的威力。

RAM(random access memory)，又称作"随机存取存储器"。一般是为处理器直接提供数据的内部存储器。它的速度非常快，可以随时读写数据。而这种存储器(RAM)又可以分为静态随机存储器(static RAM，SRAM)和动态随机存储器(dynamic RAM，DRAM)，本实验主要介绍 SRAM 的使用。

1. SRAM 特点

(1) 随机存取：随机存取指的是当对内部数据进行处理时(读取或者写入)，不会根据数据所在的物理位置不同导致所花费的时间不同。

(2) 易失性：当为 SRAM 芯片供电的电源关闭时，SRAM 芯片内部存储的数据将不会保留。如果想保留，就需要把数据存放在一个可以长期保存数据的存储器中，例如 U 盘或者 ROM 芯片。

(3) 访问速度：读写时钟周期为 10ns。CPU 访问 SRAM 的速度与访问其他存储设备相比几乎是最快的。

2. 数据保存方式

SRAM 是通过触发器实现自动保存数据功能的。

3. 引脚定义

本实验以 SRAM 芯片 IS61LV5128AL(如图 5-1 所示)为例介

绍 SRAM 内部引脚的定义及功能分配,IS61LV5128AL 芯片工作电压为 3.3V,地址总线位宽 16 位,数据总线位宽为 8 位,见表 5-1。

图 5-1　SRAM 芯片 IS61LV5128AL

表 5-1　SRAM 芯片 IS61LV5128AL 功能

总　　　线	名　　　称	功　能　描　述
A0～A15(16 根线)	地址总线	向地址总线发送地址读取其对应内部数据
D0～D7(8 根线)	数据总线	向 SRAM 接收或发送数据的接口
CE	片选(低有效)	当多片 SRAM 组合时,可以通过 CE 控制本芯片是否被选中(高电平为不选中此芯片)
NC	未连接	无功能
GND	地	SRAM 地引脚
VDD	电源	SRAM 电源引脚
OE	读取(低有效)	当 OE 为低电平时,此时 SRAM 被设置为从其内部读取数据的状态
WE	写入(低有效)	当 WE 为低电平时,此时 SRAM 被设置为向其内部写入数据的状态

　　IS61LV5128AL 是比较经典且常用的 SRAM 芯片,大部分 SRAM 芯片可以参考此芯片的引脚功能使用,其区别一般只是地址线或者数据线的数量不同,即 SRAM 存储容量可能不同。如果 SRAM 中还包含其他名称的引脚,则需要查看对应的表格了解具体的功能。

4. SRAM 实验目的及实验内容

　　(1)了解并掌握 SRAM 的工作原理及内部结构。
　　(2)学会看懂 SRAM 的读写时序图。
　　(3)完成 SRAM 的 VHDL 设计,实现将 SRAM 从 0 地址开始的连续 256 字节复制到相邻的地址空间中。

🔑 5.2　见招拆招

1. SRAM 工作原理

SRAM 工作原理如图 5-2 所示。
SRAM 的简单工作流程如下:
(1)控制片选信号。
(2)通过 WE 或者 OE 控制 SRAM 的工作状态。
(3)FPGA 与 SRAM 之间进行通信。
读:FPGA 向 SRAM 地址总线发送地址,根据地址找到的数据由 SRAM 数据总线发

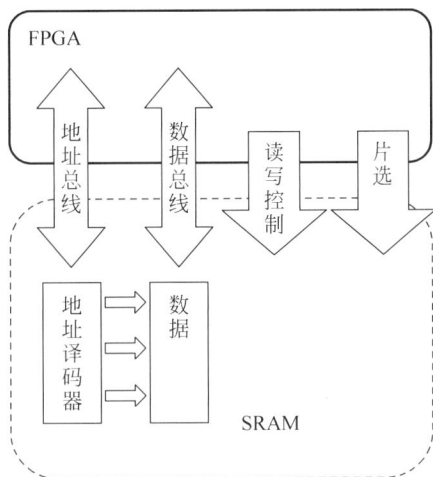

图 5-2　SRAM 工作原理

送给 FPGA。

写：FPGA 向 SRAM 地址总线和数据总线发送地址和数据。

SRAM 内部的主要工作就是供处理器在需要的时候调用数据，SRAM 内部并不是杂乱无章地随意存放数据，其更像是图书馆中存放在书架上一列列不同类别的图书，图书是按照类别编号存放的，每次都按照图书的类别放入对应编号的书架中。SRAM 内部是以二进制数存放数据的，不同的二进制组合就可以组成不同的数据。

以一个书架为例，假如在图书馆中的某一个书架有 10 排 10 列摆放整齐的书。都从 0～9 进行编号，那么这个书架就存有 100 本书。如果要取出编号为 88 的书，那么就可以先找第 8 行，然后在第 8 行中找第 8 列，那么这本书即为想要取出的书，SRAM 内部的工作原理也类似于此。只需要向 SRAM 提供数据地址就足够了，如何查找是 SRAM 芯片的内部工作，用户不需要关心。如同你向图书管理员告知你想要的图书时，管理员会走到书架前，用以上的方法把图书取出并交回到你的手中。

2．SRAM 时序

SRAM 主要涉及两个时序的控制：读数据时序和写数据时序。

（1）SRAM 读时序如图 5-3 所示。

READ CYCLE NO.1[1,2](Address Controlled)($\overline{CE}=\overline{OE}=V_{IL}$)

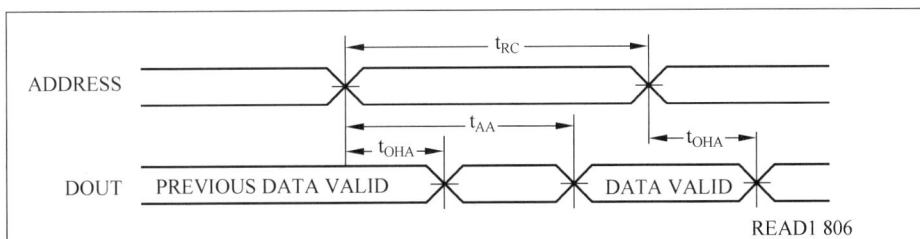

图 5-3　SRAM 读时序图

图 5-3 中 SRAM 的读时序,只需要把 CE 和 OE 信号拉低,同时把 WE 拉成高电平,通过地址总线把想要读取的数据地址发送给 SRAM,就可以从数据线上读取该地址中的数据了。

（2）SRAM 写时序如图 5-4 所示。

WRITE CYCLE NO.2[1,2]($\overline{\text{WE}}$ Controlled: $\overline{\text{OE}}$ is HIGH During Write Cycle)

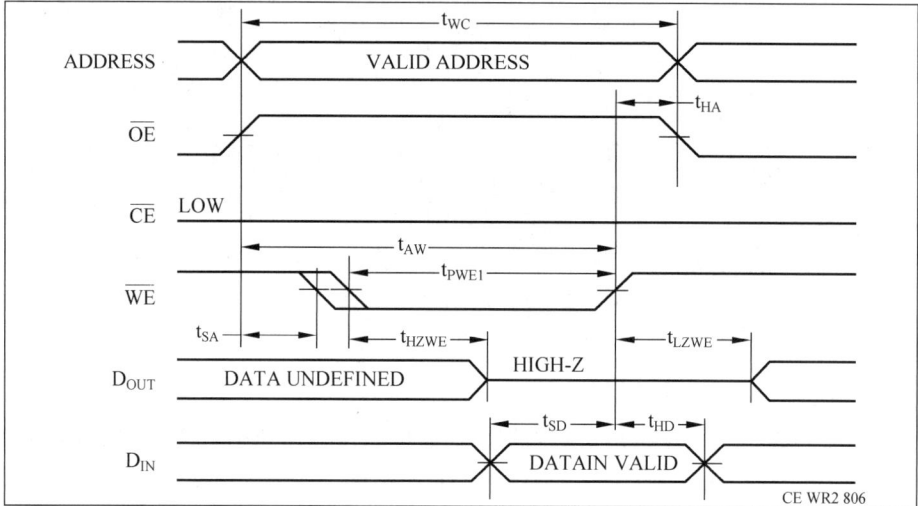

图 5-4 SRAM 写时序图

图 5-4 中是通过 WE 信号控制 SRAM 的写操作,在写入数据期间只要把 OE 信号拉成高电平,然后给出地址线和数据,这样就可以把数据写入到相对应的地址中去。

🔑 5.3 牛刀小试

（1）SRAM 的对外接口代码如下:

```
entity RW_SM is
    port(
        ram_data : inout std_logic_vector(31 downto 0);   -- 数据线 32 位
        ram_rw : out std_logic_vector(1 downto 0) : = "11";
        ram_addr : out std_logic_vector(20 downto 0) : = (others => '0');
        ram_judge : in std_logic;                          -- 内存可用标志
        clk : in std_logic;
        reset : in std_logic
        );
end entity;
```

这里需要声明,在顶层接口中包含 ram_judge 信号,该信号针对平台的另一个 FPGA 发送控制指令给出的使能。ram_rw 即为读写 SRAM 的控制信号,把两个 1 位的控制信号转化成 1 个的 2 位控制信号,其余信号请参照前面的说明解释。

接口信号说明如下。

ram_data:SRAM 的数据总线(实验板使用了 4 片 SRAM 拼接成为 32bit SRAM)。

ram_rw:SRAM 读写控制信号(SRAM 自身的读写控制信号是由读和写两根控制线构

成,在本书的实验平台中,经过处理把两根信号线合并成为由一个信号控制)。

读:"01"。

写:"10"。

ram_addr:SRAM 地址总线。

ram_judge:这是本书实验系统自己设计的一根信号线,在正常的 SRAM 读写控制中没有此信号,可以不需了解此信号(当 ram_judge 为 1 时,地址总线被赋值为高阻,无法对地址总线进行修改,因此 SRAM 就无法正常工作。实验室只需把此信号线赋值为低电平即可)。

clk:为 SRAM 工作提供的时钟信号,这里选择的是 100MHz 时钟,周期 10ns。

reset:SRAM 复位信号。

(2) 核心要点。

要定义两段地址空间大小相同的区域和中间信号,中间信号用来保存从某一地址读取出来的数据,每读取一个地址,中间信号内的数据就更新一次,代码如下:

```
variable addrS: std_logic_vector(20 downto 0) : = (others => '0');
variable addrD: std_logic_vector(20 downto 0) : = "000000000000001000000";
signal dataT: std_logic_vector(31 downto 0); -- 数据传送中间信号
```

addrS:源地址,即需要被复制的数据地址空间(0~0111111)。

addrD:目的地址,即需要写入数据的地址空间(1000000~1111111)。

(3) SRAM 读写状态转换。

需要定义一个状态表示 SRAM 读写状态转换的过程,完成地址之间数据的复制。

```
variable state: integer range 0 to 7 : = 0; -- 8 个状态
```

(4) 状态过程解析。

状态 0:控制 SRAM 为读状态,把需要读取数据的地址发送给 SRAM。

状态 1:为了防止数据在读取期间被修改,此状态需要把数据总线设置为高阻态。代码如下:

```
ram_data < = (others => 'Z');
```

状态 2:把读取出来的数据保存在中间临时变量中。

状态 3:需要把数据放在目的地址中,因此需要向 SRAM 地址总线发送目的地址。

状态 4:把中间信号所保存的数据写入数据总线。

状态 5:此时把 SRAM 的读写控制信号修改为写入状态。

状态 6:在写入完成后,需要把读写信号改回读取状态,同时源地址和目的地址都自动增一,为读取下一个地址做准备。同时判断源地址的数据是否已被全部复制,如果没有完成则返回到状态 0,否则跳转到状态 7。

状态 7:此状态下对 SRAM 不进行任何操作。代码如下:

```
when 7 => NULL; -- 状态 7
```

至此,SRAM 的数据复制全部完成,可通过软件下载 SRAM 内的数据。如果使用数字逻辑设计实验平台,可以使用平台的专用工具观察 SRAM 是否将从起始地址开始的连续256 字节的数据复制到相邻的地址空间中;如果是其他平台,可以用嵌入式逻辑分析仪观察,请参考相关平台和工具的说明文档。

🔑 5.4 自我修炼

以上是通过下载的方式观察实验结果是否正确,还可以利用数码管或者 LED,通过读取 SRAM 内的数据发送给 LED(SRAM 内的数据都是由二进制构成),因此会控制一组 LED 的亮和灭,通过读取源地址和对应目的地址内的数据,对比两组 LED 的显示结果判断是否数据已经复制。

第二篇

基本功训练篇——游戏案例

在本书的第一篇,已经详细介绍了数字逻辑设计中基本硬件和接口协议的使用方法,掌握了各类基本的"拳法"与"腿功"。

那么如何将各项基本功串联为一套完整的"功法",实现一个完整的数字逻辑设计呢?

从本篇开始,将通过一系列具体的数字逻辑设计案例,带领各位少侠去了解数字逻辑设计的方方面面。从框架性的设计方法,到具体的外接存储卡、传感器等元件的使用,都从具体的应用出发给出示例,以供大家参考。

具体到本篇而言,主要从状态机的理解与设计、模块化设计方法、接口的定义等方面,对如何完成数字逻辑设计进行一个框架性的展示——这就好比各类武功的"总纲",学会了总纲,才能将各种高深的功法融会贯通,移为己用。

本篇就将带领大家,完成基本功筑基的过程,通过几个最为基础的设计案例,反复实践直至熟练掌握各类基本功的用法。

第6章

武功一　麻将抽对

6.1　江湖传言

江湖有言,充分利用 VHDL 的基本功法,就能组合实现"麻将抽对"小游戏(如图 6-1 所示)。

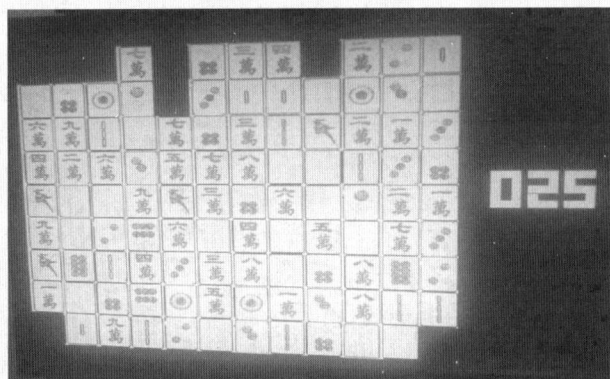

图 6-1　麻将抽对

游戏规则:游戏共有 108 张麻将牌,分别为条、筒、万三种花色,每种花色的牌面数字为 1~9,每张牌有相同的四张。游戏开始时,初始化生成一副 9 行、12 列的牌局,每次只能从最上面一行(若第一行该处牌已被消去,则第二行成为最上面一行,以此类推)或最下面一行(同理)中选择两张相同的麻将牌,消去这两张牌,并得到牌面表示数字的分数。例如,第 1 行第 12 列和最后一行(即第 9 行)第 2 列的牌都是 5 条,则选中这两张牌,得到 5 分,并且消去这两张牌,这时第 2 行第 12 列的牌和第 8 行第 2 列的牌被加入到可选集合。游戏有两个玩家,轮流进行游戏,分数高者获胜。

在这个案例将重点讲述基本的状态机设计。

🔑 6.2 提纲挈领

1. 明确总体结构——模块化设计

如果说所有的武功都有一个核心的"总纲"的话,那么具体到数字逻辑设计上来说,那就是模块化的设计。

在之前的学习中,同学们已经对状态机的概念有所了解。而几乎所有的数字逻辑项目,都可以视作一个"大型的状态机",其基本结构都可以划归"输入控制"→"逻辑与状态控制"→"输出反馈"的基本框架之下。

具体到这个项目来说。

(1)输入控制部分在这里只需要键盘输入。用不同的信号标记不同的操作,只负责将玩家的操作传给逻辑控制部分,后续操作则完全交给逻辑控制和 VGA 模块。

(2)逻辑与状态控制部分负责处理键盘输入传递过来的信息,将处理后的相应结果传给 VGA 显示部分。

(3)输出反馈部分这里用到的是标准的 VGA 输出,用来显示逻辑控制部分传递过来的信息,包括麻将块的显示,已选择方框的显示,以及移动方框的显示。

因此可以将整个设计简单划分为如下结构,如图 6-2 所示。

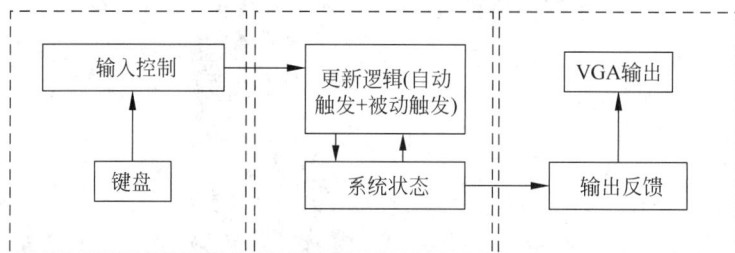

图 6-2 "麻将抽对"游戏功能划分

看,这是不是就像一个大型的状态机:外界的输入引起系统当前状态(current state)改变,系统做出反应进入新的状态,并给出相应的输出反应。

2. 划分功能模块

通过对整体功能的解析与拆分,可以将整个工程划分为以下几个模块,分别予以实现(见表 6-1)。

表 6-1 "麻将抽对"游戏模块划分

文 件 名	说 明
Global. vhd	主模块,公共类型及接口
Keyboard. vhd	输入模块
Player. vhd	逻辑与操作控制模块
VGA_640480. vhd	显示模块
top. vhd	ROM 读取模块
mj. mif	由麻将图片转换成的 ROM 媒体信息文件

6.3　明确招式

1．键盘输入控制

本游戏有两套键盘输入系统,一是用 F1～F12 来直接选择最顶行的 12 张牌,用 1,2,3,4,5,6,7,8,9,0,—,＝这 12 个键直接选择最底行的 12 张牌。二是用 W、A、S、D 四个键表示方向,游戏过程中会有一个蓝色的选择框,按 W、A、S、D 键可以移动这个框,然后按 Enter 键选择。以上两种输入方案对于选定一张牌后,都会用红色选择框将选定牌框定,等待另一张牌的选择。游戏开始时可用 space 键生成初始牌局。

键盘输入采用状态机实现。对于以上所有输入键,都是一种通码两组断码,并且第一组断码都是 F0,所以采用状态机,两个状态之间的转换如下:

在状态 1 时,等待输入,当接收到扫码的值为 F0 时,表明有一个按键响应了,然后转入状态 2,明确按键到底是什么,在状态 2 时,对应不同的按键做出相应的具体反应,然后再转入状态 1,继续等待接收下一个按键。

2．逻辑控制

逻辑控制也采用状态机实现,具体如图 6-3 所示。

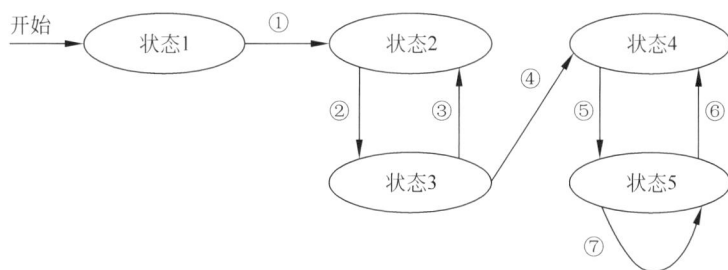

图 6-3　"麻将抽对"状态机

状态 1:得到一个由计数器产生的随机数,初始化游戏的基本设置。

状态 2:由状态 1 产生的随机数产生一个坐标表示要交换的两个麻将块,然后将交换位置和交换的内容都记录下来。

状态 3:将状态 2 记录的两个麻将块信息进行交换。

状态 4:如果选择了一个麻将块,则将赋值给 focuse,然后转入下一个状态 5。其中 focuse 表示当前选中的一个麻将块,这个麻将块正在等待与其配对的另一个麻将块被选定。

状态 5:又选择了一个麻将块,此时判断现在选的和之前 focuse 存储的麻将是否匹配,若匹配,则增加相应分数,消去麻将块,更新 top、bottom 信息,转入状态 4,准备下一对匹配,并且变换玩家。若不匹配,则将 focuse 更新为当前所选,继续停留在状态 5。

跳转条件:

① 状态 1 进行完相应操作后自动转入状态 2。

② 状态 2 进行完相应操作后自动转入状态 3。

③ 如果交换次数没有减为 0,则转入状态 2 继续交换,其中交换次数也是由计数器产生的随机数。

④ 如果交换次数减为 0,则转入状态 4,完成了随机初始化。

⑤ 状态 4 结束后自动转入状态 5。

VGA 控制此部分的关键是对 mif 文件的读取,以及实际位置坐标与 mif 文件地址的转换。

mif 文件的制作:将每一种麻将都截成 40×50 的大小,一共 27 张,然后用画图工具将它们按一定规律排列好,再整合成一张图。最终本实验中整张图的大小 360×150,然后将 mif 文件地址与实际地址建立函数映射。即可生成显示麻将块所需的像素。

🔑 6.4　牛刀小试

顶层接口关键信号见表 6-2。

表 6-2　顶层接口关键信号

输 入 接 口	类　　型	功　　能
Clk100M	std_logic	100MHz 工作信号输入
key_fok	std_logic	键盘输入信号标识,'1'表示有输入信号

1. 总体架构模块

模块功能及代码说明:

本模块是最顶层的主体模块,将键盘、VGA 等模块连接在一起。作为游戏的主体模块,进行了行同步、场同步信号、对游戏的逻辑进行控制等操作。代码如下:

```
//连接键盘控制,VGA 等各个模块
library ieee;
use ieee.std_logic_1164.all;
use ieee.std_logic_unsigned.all;
use ieee.std_logic_arith.all;
use work.Global.all;

entity top is                              -- 最顶层主体
port(

datain,clkin,fclk,rst_in: in std_logic;
        hs,vs : out std_logic;             -- 行同步、场同步信号
        oRed : out std_logic_vector (2 downto 0);
        oGreen : out std_logic_vector (2 downto 0);
        oBlue : out std_logic_vector (2 downto 0)
);
end top;

architecture top of top is
component Keyboard is                       -- 键盘控制
port (
    datain, clkin : in std_logic;          -- PS2 时钟和数据
```

```vhdl
        fclk, rst : in std_logic;                    -- filter 使用的时钟
        fok1 : out std_logic;                        -- 数据输出使能
        scancode : out std_logic_vector(7 downto 0)  -- 扫描码输出
        );
end component;
component Player is                                  -- 对游戏的逻辑进行控制
port(
        clk: in std_logic;
        start: in std_logic;            -- 标记是否开始游戏了(即是否初始化了,'1'表示已初始化,
                                        -- '0'表示没有

        operation: in std_logic;                    -- 1 表示发生了一次按键操作,0 表示没有

        selection: in Point;                         -- 记录选择了哪一个麻将块

        mahjongBoard: out Board;                     -- 记录整个麻将棋盘

        top, bottom: out EnabledMahjong;             -- 记录顶端和底端的可选麻将

        scores: out arrayInt;                        -- 记录得分
        currentPlayer: out integer;

        focusedPoint: out Point                      -- 记录之前选择的麻将块
        );
end component Player;


component vga640480 is
        port(
                address : out STD_LOGIC_VECTOR(15 DOWNTO 0);
                reset : in STD_LOGIC;
                clk50 : out std_logic;
                q : in STD_LOGIC_vector(2 downto 0);
                clk_0 : in STD_LOGIC;                -- 100MHz 时钟输入
                hs,vs : out STD_LOGIC;               -- 行同步、场同步信号
                r,g,b : out STD_LOGIC_vector(2 downto 0);
                mahjongBoard : in Board;
                scores : in arrayInt;
                currentPlayer : in integer;
                focusedpoint : in point;
                d_block: in point
        );
end component;

component digital_rom IS
    PORT
    (
        address : IN STD_LOGIC_VECTOR (15 DOWNTO 0);
        clock : IN STD_LOGIC;
        q : OUT STD_LOGIC_VECTOR (2 DOWNTO 0)
    );
END component;

signal address_tmp: std_logic_vector(15 downto 0);
signal clk50: std_logic;
```

```vhdl
    signal q_tmp: std_logic_vector(2 downto 0);
    signal scancode : std_logic_vector(7 downto 0);
    signal rst : std_logic;
    signal clk_f: std_logic;
    signal mj: Mahjong;
    signal top, bottom: EnabledMahjong;
    signal operation: std_logic;
    signal mahjongBoard: Board;
    signal scores: arrayInt;
    signal curplayer: integer range 0 to 1: = 0;
    signal focusedpoint: Point: = (15,15);
    signal selec: Point;
    signal fok: std_logic;
    signal start: std_logic: = '0';
    signal st: std_logic_vector(2 downto 0): = "000";
    signal d_block: point: = (0,0);
    signal b_opera: std_logic;
    signal direction: std_logic_vector(2 downto 0);
begin
rst <= not rst_in;
u0: Keyboard port map(datain,clkin,fclk,rst,fok,scancode);
u4: Player port map ( fclk, start, operation, selec, mahjongBoard, top, bottom, scores,
curplayer, focusedpoint);
u1: vga640480 port map(
                        address = > address_tmp,
                        reset = > rst_in,
                        clk50 = > clk50,
                        q = > q_tmp,
                        clk_0 = > fclk,
                        hs = > hs, vs = > vs,
                        r = > oRed, g = > oGreen, b = > oBlue,
                        mahjongBoard = > mahjongBoard,
                        scores = > scores,
                        currentPlayer = > curplayer,
                        focusedpoint = > focusedpoint,
                        d_block = > d_block
                    );
u2: digital_rom port map(
                        address = > address_tmp,
                        clock = > clk50,
                        q = > q_tmp
                    );
process(fclk) -- 用状态机实现键盘输入
variable flag: std_logic: = '0';
begin
if(fclk' event and fclk = '1') then
    operation < = '0'; start < = '0'; b_opera < = '0'; direction < = "111";
    case st is
        when "000" =>      -- 第一组断码都为 F0,所以当接收到 F0 时,进入下一个状态,
                           -- 等待接收第二组断码
            if(fok = '1' and scancode = "11110000") then
                st < = "001";
            end if;
        when "001" =>
```

```
if(fok = '1' and scancode = "00101001") then -- Space 键表示重新开始
    start <= '1'; operation <= '0';
    st <= "000";
elsif(fok = '1' and scancode = "00000101") then -- F1 键
    operation <= '1';  st <= "000"; selec <= top(0);
elsif(fok = '1' and scancode = "00000110") then -- F2 键
    operation <= '1'; st <= "000"; selec <= top(1);
elsif(fok = '1' and scancode = "00000100") then -- F3 键
    operation <= '1'; st <= "000"; selec <= top(2);
elsif(fok = '1' and scancode = "00001100") then -- F4 键
    operation <= '1'; st <= "000"; selec <= top(3);
elsif(fok = '1' and scancode = "00000011") then -- F5 键
    operation <= '1'; st <= "000"; selec <= top(4);
elsif(fok = '1' and scancode = "00001011") then -- F6 键
    operation <= '1'; st <= "000"; selec <= top(5);
elsif(fok = '1' and scancode = "10000011") then -- F7 键
    operation <= '1'; st <= "000"; selec <= top(6);
elsif(fok = '1' and scancode = "00001010") then -- F8 键
    operation <= '1'; st <= "000"; selec <= top(7);
elsif(fok = '1' and scancode = "00000001") then -- F9 键
    operation <= '1'; st <= "000"; selec <= top(8);
elsif(fok = '1' and scancode = "00001001") then -- F10 键
    operation <= '1'; st <= "000"; selec <= top(9);
elsif(fok = '1' and scancode = "01111000") then -- F11 键
    operation <= '1'; st <= "000"; selec <= top(10);
elsif(fok = '1' and scancode = "00000111") then -- F12 键
    operation <= '1'; st <= "000"; selec <= top(11);
elsif(fok = '1' and scancode = "00010110") then -- 1 键
    operation <= '1'; st <= "000"; selec <= bottom(0);
elsif(fok = '1' and scancode = "00011110") then -- 2 键
    operation <= '1'; st <= "000"; selec <= bottom(1);
elsif(fok = '1' and scancode = "00100110") then -- 3 键
    operation <= '1'; st <= "000"; selec <= bottom(2);
elsif(fok = '1' and scancode = "00100101") then -- 4 键
    operation <= '1'; st <= "000"; selec <= bottom(3);
elsif(fok = '1' and scancode = "00101110") then -- 5 键
    operation <= '1'; st <= "000"; selec <= bottom(4);
elsif(fok = '1' and scancode = "00110110") then -- 6 键
    operation <= '1'; st <= "000"; selec <= bottom(5);
elsif(fok = '1' and scancode = "00111101") then -- 7 键
    operation <= '1'; st <= "000"; selec <= bottom(6);
elsif(fok = '1' and scancode = "00111110") then -- 8 键
    operation <= '1'; st <= "000"; selec <= bottom(7);
elsif(fok = '1' and scancode = "01000110") then -- 9 键
    operation <= '1'; st <= "000"; selec <= bottom(8);
elsif(fok = '1' and scancode = "01000101") then -- 0 键
    operation <= '1'; st <= "000"; selec <= bottom(9);
elsif(fok = '1' and scancode = "01001110") then  -- '-'键
    operation <= '1'; st <= "000"; selec <= bottom(10);
elsif(fok = '1' and scancode = "01010101") then -- '='键
    operation <= '1'; st <= "000"; selec <= bottom(11);
elsif fok = '1' and scancodc = "00011101" then -- 'W'键
    if(d_block.x > 0) then
        d_block <= (d_block.x - 1, d_block.y);
```

```
                                    st < = "000";
                    end if;
            elsif fok = '1' and scancode = "00011100" then    -- 'A'键
                if(d_block.y > 0) then
                        d_block < = (d_block.x, d_block.y - 1);
                        st < = "000";
                    end if;
            elsif fok = '1' and scancode = "00011011" then  -- S 键
                if(d_block.x < 8) then
                        d_block < = (d_block.x + 1, d_block.y);
                        st < = "000";
                    end if;
            elsif fok = '1' and scancode = "00100011" then  -- D 键
                if(d_block.y < 11) then
                        d_block < = (d_block.x, d_block.y + 1);
                        st < = "000";
                    end if;
            elsif fok = '1' and scancode = "01011010" then  -- Enter 键
                     operation < = '1'; selec < = d_block;
            elsif fok = '1' then
                    st < = "000"; operation < = '0'; -- b_opera < = '0';
                end if;
            when others = > st < = "000";
        end case;
    end if;
end process;
end top;
```

2. 键盘控制模块

本模块是输入模块,将不同的键盘输入与不同的信号连接起来,负责将玩家的操作传给逻辑部分。代码如下:

```
//键盘输入控制模块
library ieee;
use ieee.std_logic_1164.all;
USE ieee.std_logic_unsigned.all;
use ieee.std_logic_arith.all;

entity Keyboard is
port (
    datain, clkin : in std_logic;                   -- PS2 时钟和数据
    fclk, rst : in std_logic;                       -- 过滤器时钟
    fok1 : out std_logic;                           -- 数据输出使能信号
    scancode : out std_logic_vector(7 downto 0)     -- 扫描代码信号输出
    );
end Keyboard;

architecture rtl of Keyboard is
type state_type is (delay, start, d0, d1, d2, d3, d4, d5, d6, d7, parity, stop, finish);
signal data, clk, clk1, clk2, odd,fok : std_logic; -- 毛刺处理内部信号, odd 为奇偶校验
signal code : std_logic_vector(7 downto 0);
signal state : state_type;
begin
```

```vhdl
fok1 < = fok;
clk1 < = clkin when rising_edge(fclk);
clk2 < = clk1 whenrising_edge(fclk);
clk < = (not clk1) and clk2 ;

data < = datain whenrising_edge(fclk);

odd < = code(0) xor code(1) xor code(2) xor code(3)
    xor code(4) xor code(5) xor code(6) xor code(7);

scancode < = code when fok = '1';

process(rst, fclk)
begin
    if rst = '1' then
        state < = delay;
        code < = (others = > '0');
        fok < = '0';
    elsif rising_edge(fclk) then
        fok < = '0';
        case state is
            when delay = >
                state < = start;
            when start = >
                if clk = '1' then
                    if data = '0' then
                        state < = d0;
                    else
                        state < = delay;
                    end if;
                end if;
            when d0 = >
                if clk = '1' then
                    code(0) < = data;
                    state < = d1;
                end if;
            when d1 = >
                if clk = '1' then
                    code(1) < = data;
                    state < = d2;
                end if;
            when d2 = >
                if clk = '1' then
                    code(2) < = data;
                    state < = d3;
                end if;
            when d3 = >
                if clk = '1' then
                    code(3) < = data;
                    state < = d4;
                end if;
            when d4 = >
                if clk = '1' then
                    code(4) < = data;
```

```vhdl
                    state <= d5;
                end if;
            when d5 =>
                if clk = '1' then
                    code(5) <= data;
                    state <= d6;
                end if;
            when d6 =>
                if clk = '1' then
                    code(6) <= data;
                    state <= d7;
                end if;
            when d7 =>
                if clk = '1' then
                    code(7) <= data;
                    state <= parity;
                end if;
            WHEN parity =>
                IF clk = '1' then
                    if (data xor odd) = '1' then
                        state <= stop;
                    else
                        state <= delay;
                    end if;
                END IF;

            WHEN stop =>
                IF clk = '1' then
                    if data = '1' then
                        state <= finish;
                    else
                        state <= delay;
                    end if;
                END IF;

            WHEN finish =>
                state <= delay;
                fok <= '1';
            when others =>
                state <= delay;
        end case;
    end if;
end process;
end rtl;
```

3. 游戏逻辑模块(节选)

游戏逻辑模块代码如下：

```vhdl
process(clk)
begin
    if(clk'event and clk = '1')then
        rand_num <= rand_num + 5;
        case nowst is
```

```
when "0000" =>                    -- state 0: 生成随机数
    temp <= rand_num;
    temp1 <= rand_num + 23;
    board1 <= board2;
    rand_cnt <= rand_num;
    curplayer <= 0;
    for i in 0 to 11 loop
        top1(i) <= (0, i);        -- 初始化 'top'。(0,0)为 for 循环中 top 最左一位,
                                  -- (0,11)为 top 最右一位
    end loop;
    for i in 0 to 11 loop
        bottom1(i) <= (8, i);
                                  -- 初始化 'bottom'。范围从 (8,0) 到 (8,11)
    score(0) <= 0;                -- 分别初始化 score
    score(1) <= 0;
    focuse <= (15, 15);           -- 把焦点初始化为(15,15)
    nowst <= "0001";              -- 回到状态 1
when "0001" =>
    for i in 0 to 0 loop
        x1 <= temp * 11 mod 9;
        y1 <= temp mod 12;        -- 生成一对待交换的麻将
        if y2 = 11 then
            if x2 = 8 then
                x2 <= 0;
            else
                x2 <= x2 + 1;
            end if;
            y2 <= 0;
        else
            y2 <= y2 + 1;
        end if;
        num1(i) <= board1(x2, y2);
                                  -- 记录待交换的麻将对信息
        num(i) <= board1(x1, y1); -- 记录坐标
        posi(i) <= (x1, y1);
        posi1(i) <= (x2, y2);
        if(temp + 13 > 97) then   -- 更新随机数
            temp <= temp + 13 - 97;
        else
            temp <= temp + 13;
        end if;
        if(temp1 + 23 > 89) then
            temp1 <= temp1 + 23 - 89;
        else
            temp1 <= temp1 + 23;
        end if;
    end loop;
    nowst <= "0010";              -- 跳到状态 2
when "0010" =>
    for i in 0 to 0 loop
        board1(posi(i).x, posi(i).y) <= num1(i);
                                  -- 交换麻将信息
        board1(posi1(i).x, posi1(i).y) <= num(i);
    end loop;
```

```
            if rand_cnt = 0 then        -- 当 rand_cnt 的值为 0 时初始化完成
                nowst <= "0011";        -- 跳到状态 3
            else
                rand_cnt <= rand_cnt - 1;
                nowst <= "0001";
                -- 初始化未完成,继续随机生成麻将对
            end if;
    when "0011" =>
        if(operation = '1' and (selection = top1(selection.y) or selection = bottom1
(selection.y))) then
    -- 如果选中的麻将与未选中的麻将配对,则将选中麻将设为 focuse
                focuse <= selection;
                nowst <= "0100";  -- 跳到状态 4
            end if;
    when "0100" =>
        if(operation = '1') then
            if(focuse.x < 9 and focuse.y < 12 and selection.x < 9 and selection.y < 12
and selection/ = focuse and board1(focuse.x, focuse.y) = board1(selection.x, selection.y) and
(selection = top1(selection.y) or selection = bottom1(selection.y))) then
    -- 选中的两个麻将不同

score(curplayer)<= score(curplayer) + conv_integer(board1(focuse.x,focuse.y).number);
                                        -- 根据已配对麻将更新得分
                board1(focuse.x, focuse.y)<= ("0000","00");
                                        -- 删去已配对麻将
                board1(selection.x, selection.y)<= ("0000","00");
                if(top1(focuse.y) = (focuse.x,focuse.y))then
                                        -- 更新 top & bottom & focuse
                    top1(focuse.y)<= (focuse.x + 1, focuse.y);
                end if;
                if(top1(selection.y) = (selection.x,selection.y)) then
                    top1(selection.y)<= (selection.x + 1,selection.y);
                end if;
                if(bottom1(focuse.y) = (focuse.x,focuse.y)) then
                    bottom1(focuse.y)<= (focuse.x - 1, focuse.y);
                end if;
                if(bottom1(selection.y) = (selection.x,selection.y)) then
                    bottom1(selection.y)<= (selection.x - 1,selection.y);
                end if;
                focuse <= (15,15);
                if curplayer = 0 then     -- 换玩家
                    curplayer <= 1;
                else
                    curplayer <= 0;
                end if;
                nowst <= "0011";          -- 跳到状态 3
            elsif selection.x < 9 and selection.y < 12 and (selection = top1(selection.y)
or selection = bottom1(selection.y)) and board1(selection.x, selection.y) / = ("0000", "00") then
                focuse <= selection;
    -- 选中的两个麻将无法配对,或者选中的麻将已被删除
                nowst <= "0100";          -- 保持状态 4
            end if;
        end if;
    when others => nowst <= "0011";
```

```
        end case;
        if(start = '1') then
            nowst < = "0000";
        end if;
    end if;
end process;
end behave;
```

第7章

7 CHAPTER

武功二 宝石迷阵

7.1 江湖传言

江湖有言,使用 FPGA 和 VHDL 语言能再现江湖中风靡一时的休闲小游戏——"宝石迷阵",如图 7-1 所示。

图 7-1 宝石迷阵

诞生于 2000 年的"宝石迷阵"是一款锻炼眼力的宝石交换消除游戏。游戏画面会出现各种各样、不同颜色的宝石,游戏的基本规则是"三消":玩家通过鼠标选择想要交换的宝石,使用键盘的 W、S、A、D 键选择与哪个方向相邻的宝石交换,如果交换后有三个或三个以上连续的同行或同列的同色宝石,这些宝石即会被消除,如果没有则交换失败。在消除后,已消除宝石上方的宝石均会下落,并在最上方会有新的宝石生成以填充宝石棋盘。如此往复,直到达成特定的游戏目标,如规定的分数或者耗尽一定的游戏时间或交换次数等。

第 6 章案例讲解了在控制逻辑中如何设计状态机。在本案例则有更为复杂的游戏逻辑与触发事件,大家可以通过参考代码,学习到复杂事件的组合操作。

7.2　提纲挈领

按老规矩，从总纲中的"模块化设计"思路出发，看看如何实现这样一个项目。

1. 明确总体结构

还是从"输入控制"→"逻辑与状态控制"→"输出反馈"的基本框架出发。具体来说，在"宝石迷阵"这个游戏中有以下关注点。

提问：需要输入控制吗？

回答：显然是需要的。

提问：输入控制是由哪些硬件实现的？

回答：既有键盘，也有鼠标（回想如何实现鼠标与键盘的通信）。

提问：系统状态的更新，是仅由输入触发，还是也有自动触发的部分？

回答：都有。输入控制改变宝石排列状态，系统倒计时自动触发剧情推动（如游戏时间结束等）。但是在这里可以看到的是，自动触发的状态改变十分简单（仅倒计时），因此不需要单独的模块完成。

提问：系统的输出由什么决定？

回答：系统的输出仅由当前状态决定，输出通过 VGA。

因此可以将整个设计划分为如图 7-2 所示。

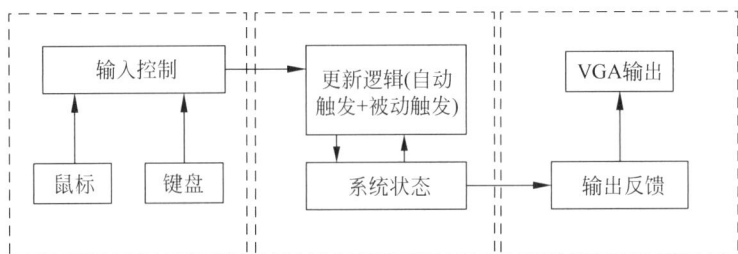

图 7-2　宝石迷阵设计划分

2. 划分功能模块

于是通过对整体功能的解析与拆分，可以将整个工程划分为以下几个部分，分别予以实现，见表 7-1。

表 7-1　工程功能划分表

文　件　名	说　　明
bejeweled. vhd	顶层文件，连接各模块
define. vhd	定义全局变量及计算函数
game_control. vhd	游戏控制模块，实现输入控制
ps2_mouse. vhd	鼠标控制
keyboard. vhd	键盘控制
game_logic. vhd	游戏逻辑模块。（1）保存系统当前状态；（2）判定系统状态更新逻辑

续表

文 件 名	说 明
各具体功能模块	如超时、死局判断等模块
VGA_control. vhd	VGA 输出控制

7.3 明确招式

一门武功一般由招式和口诀组成,二者缺一不可。"数字逻辑设计"江湖(后文简称为数设江湖)里的武功,招式尤指实验所用到的基础知识,而口诀则是实验中遇到的问题及解决办法。在运用总纲得出了武功整体设计后,通过明确招式,确定分模块的具体功能实现与状态机细化。

1. 游戏控制

游戏控制环节的功能主要有以下几个方面。

首先,接收鼠标和键盘的传入信号,即鼠标的单击信号和鼠标位置,以及键盘的输入信息,识别出鼠标位置以及键盘信号,并将其处理成移动宝石的信息传给逻辑模块。

其次,根据键盘鼠标的信息以及逻辑模块的反馈信息更新整个程序的状态机:选择界面、游戏界面、逻辑界面,根据当前的状态(current state)以及输入信息处理好次态信息(next state),存入信号中,在每次时钟触发时根据次态(next state)更新当前状态。

2. 游戏逻辑

游戏逻辑模块是这个游戏中最复杂也最核心的一个模块,承担着在游戏状态中对游戏信息进行维护的职责。

游戏逻辑模块的输入信息只有从游戏控制模块传来的宝石交换信息和游戏开始信息,输出信息有向游戏控制模块输出的游戏结束信息和向 VGA 模块输出的宝石棋盘信息、分数信息和计时、计步信息。同时游戏逻辑模块通过对状态机中的某些状态进行短暂的锁定来达到动画的效果。

具体的游戏逻辑的状态机状态划分和转移如图 7-3 所示,可对照自我修炼部分游戏逻辑状态机代码参悟。

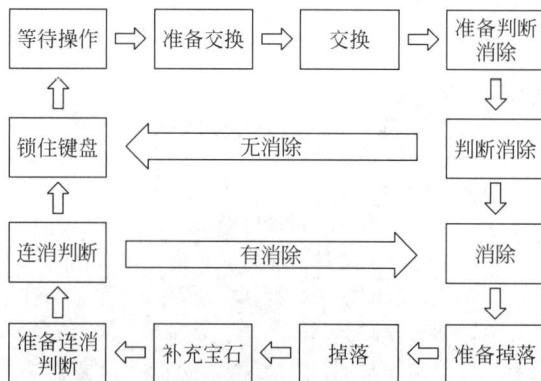

图 7-3 游戏逻辑的状态机状态划分和转移

游戏逻辑的设计还有如下几个重要的事件需要注意。

（1）三连的消除判定。先对 8×8 宝石盘的每一个位置计算两个整数，分别表示在横向和纵向上从这个点开始后方（包括这个点）有连续多少个宝石与其同色。然后再分别遍历每个点的这两个数，若不小于 3，就将该点和其横/纵方向上的下两个点的消除标记置为 1。最后遍历棋盘将所有消除标记为 1 的宝石消除并加分。

（2）空位置上方的宝石掉落。从下至上搜索每列，每遇到一个未消除的宝石则将其放到列顶标记（初始时在最下方），并将列顶标记上移。

（3）掉落完毕后的宝石补充。搜索宝石盘，为没有宝石的格子随机生成一个宝石，这个宝石的颜色由随机数种子的值和所在行列的一个函数决定。

（4）超时判定。这个计时器会在作出一组交换时重置 5s，若归 0，则会根据游戏模式造成游戏结束或重置棋盘，同时计时恢复 5s。

（5）VGA 控制。VGA 控制端会综合接收到游戏逻辑模块传来的游戏信息（宝石盘、分数、计时和计步）以及从游戏控制模块传来的游戏总状态信息，这些信息直接控制 VGA 上想要输出的图案。宝石的具体图案与上一案例相同，采用 .mif 文件存储。

7.4　心法口诀

针对这个案例，将会遇到下列新的问题。

1. 重复操作的判定问题

在与 PS/2 协议的键盘进行信号交互时，键盘的断码信号时间若持续过长，容易导致一次按键过程被判定为多次交换。为了解决这个问题，设计了键盘锁定的状态。

一旦发生一次交换后，即自动进入键盘锁定状态。进入这个状态后只有断码消失后才会离开这个状态，以防止因断码信号时间太长导致的多次判定交换。

2. 随机数问题

一般来说，在使用硬件算法中，若需要随机数，可以使用传统的移位寄存器达成伪随机数的方法。然而这里，则是利用了时间种子的方法，通过游戏中用户操作时间的不确定性模拟计算器中伪随机数的生成。

采用模拟计算器中伪随机数生成的方法，即为 7 种随机结果预存一张较长的对应表来使得结果基本随机。使用时钟驱动种子，由于用户的操作所在时刻是不可预知的，这样做即可保证随机种子完全随机。

3. 动画效果的实现

在交换宝石、消除下落的时候都需要一段动画来展示这个过程，使得玩家有较好的游戏体验。由于 VGA 端只会根据游戏逻辑端的宝石盘面信息来决定 VGA 的输出，故在逻辑端的交换、消除以及补充宝石完成之后，进入下一个状态之前，设置一个计数器，当计数达到一定数目，即画面锁定一定时钟周期数后再进入下一个状态的显示，即可完成类似动画的效果。为了有较好的游戏体验，一般这段时间设置在 0.1s 左右。

4. 芯片资源不足问题

在避免了由于采用大量 integer 导致逻辑单元不足(如第 6 章案例)的问题后,在本案例中又遇到的新的问题了: ROM 不足。

在设计本案例时,原本打算使用全彩的 256 色来表示游戏界面的宝石颜色,仔细计算后发现超过了 ROM 限制,于是最终游戏界面的宝石颜色改用了略有失真的 64 色(6 位),同时缩小了一些 mif 文件的尺寸。

7.5   自我修炼

自我修炼环节旨在提取关键模块,以伪代码形式说明如何修炼该武功。

1. 总体架构

```
//负责控制整体布局,连接各个模块
library ieee;
use ieee.std_logic_1164.all;
USE ieee.std_logic_unsigned.all;
use ieee.std_logic_arith.all;
use work.define.all;

entity bejeweled is
    port(
        -- reset
        rst : in std_logic;

        -- Clock
        Clock100M : in std_logic;
        clk_in : in std_logic;

        -- VGA
        hs, vs : out std_logic;          -- 行同步、场同步信号
        VGA_red : out std_logic_vector (2 downto 0);
        VGA_green : out std_logic_vector (2 downto 0);
        VGA_blue : out std_logic_vector (2 downto 0);
        VGA_click :out std_logic;

        -- mouse
        ps2_clk: inout std logic;
        ps2_data: inout std_logic;
        mousex, mousey: buffer std_logic_vector(9 downto 0);
        mousereset : in std_logic;

        -- keyboard
        datain, clkin: in std_logic;
        seg0, seg1: inout std_logic_vector(6 downto 0);

        -- 调试信息
        stat: inout std_logic_vector(2 downto 0);
        game_stat: inout std_logic_vector(3 downto 0);
        game_on, gameover, move : inout std_logic;
```

```
        reset : out std_logic;
        key :out std_logic_vector(1 downto 0)
        );

end bejeweled;
```

2. 输入控制模块

```
-------------------------------------------------
-- 游戏控制
-- 键盘和鼠标输入
-- 生成游戏逻辑所需的控制信号
-------------------------------------------------
entity game_control is
port(
    clk : in std_logic;
    rst : in std_logic;
    left_button : in std_logic;
    mousey: in std_logic_vector(9 downto 0);
    mousex: in std_logic_vector(9 downto 0);
    error_no_ack : in std_logic;
    seg0: in std_logic_vector(6 downto 0);              -- 键盘
    seg1: in std_logic_vector(6 downto 0);              -- 键盘
    game_over:in std_logic;                             -- 游戏结束
    mode:out bej_mode;                                  -- 模式种类
    current_main_state: inout std_logic_vector(2 downto 0); -- 传给 VGA 的信号
    game_on:out std_logic;                              -- 是否在游戏
    position1_x: inout std_logic_vector(2 downto 0);
    position1_y: inout std_logic_vector(2 downto 0);
    position2_x: inout std_logic_vector(2 downto 0);
    position2_y: inout std_logic_vector(2 downto 0);
    if_exchange: out std_logic;                         -- 传入交换信息,否则不交换
    key :out std_logic_vector(1 downto 0)
);
end entity;

architecture control of game_control is
    -- signal modetype:std_logic_vector(2 downto 0):= "000";
    signal keyboard_command:std_logic_vector(1 downto 0):= "00";
                                        -- 00 ->上 01 ->下 10 ->左 11 ->右
    signal next_main_state:std_logic_vector(2 downto 0):= "000";
    signal mousex0, mousey0: integer;

begin
    key <= keyboard_command;
    mousex0 <= conv_integer(mousex);
    mousey0 <= conv_integer(mousey);
    process(clk)
    begin
        if ((clk = '1') and (clk'event)) then           -- 监听 clk 的上升沿
            current_main_state <= next_main_state;
            game_on <= '0';
            if (rst = '0') then                         -- 如果按下 reset 键,重新初始化游戏进程
            next_main_state <= "000";
```

```vhdl
                    game_on <= '0';
                    if_exchange <= '0';
            end if;
            if_exchange <= '0';
            case current_main_state is
                when "000" =>
-- 游戏开始界面,可以选择模式
-- 根据单击位置所在坐标判断进入的模式,将状态切换到下一个,
-- 并通过 mode 信号输出所在模式
-- game_on 信号输出游戏开始信号
                    if (mousex0 > 100 and mousex0 < 200 and mousey0 > 80 and mousey0 < 160 and left_
button = '1') then
                        next_main_state <= "001";
                        mode <= classic;
                        game_on <= '1';
                    elsif (mousex0 > 400 and mousex0 < 500 and mousey0 > 80 and mousey0 < 160 and
left_button = '1') then
                        mode <= blitz;
                        next_main_state <= "001";
                        game_on <= '1';
                    elsif (mousex0 > 100 and mousex0 < 200 and mousey0 > 320 and mousey0 < 400 and
left_button = '1') then
                        mode <= zen;
                        next_main_state <= "001";
                        game_on <= '1';
                    elsif (mousex0 > 400 and mousex0 < 500 and mousey0 > 320 and mousey0 < 400 and
left_button = '1') then
                        mode <= bonanza;
                        next_main_state <= "001";
                        game_on <= '1';
                    end if;
                when "010" =>
                    -- 游戏结束状态,鼠标指定位置单击重新开始(跳回 000 状态)
                    if (mousex0 > 250 and mousex0 < 350 and mousey0 > 370 and mousey0 < 450 and left_
button = '1') then
                        next_main_state <= "000";
                    end if;
                when "001" =>
-- 游戏进行中状态
                    if (game_over = '1')then
-- 如果 game_logic 模块判定游戏结束,即 game_over 信号为 1,切换到游戏结束
                        game_on <= '0';
                        mode <= gameover;
                        next_main_state <= "010";
-- 判断键盘上按下了(上、下、左、右)哪个方向键,用 keyboard_command 变量表示
                    elsif(seg0 = "1101011" and seg1 = "0000011")then
                        keyboard_command <= "00";              -- 上
                    elsif(seg0 = "1111010" and seg1 = "0000011")then
                        keyboard_command <= "01";              -- 下
                    elsif(seg0 = "0111100" and seg1 = "0000011")then
                        keyboard_command <= "10";              -- 左
                    elsif(seg0 = "1001111" and seg1 = "1101101")then
                        keyboard_command <= "11";              -- 右
                    end if;
```

```
                     -- 断码 进行交换
            if(seg0 = "0111111" and seg1 = "1110100")then
                    if_exchange <= '1';
            elsif(game_over = '0')then-- 游戏尚未结束
    -- 判断鼠标位于哪个宝石上,即选中要进行交换的宝石位置 position1
                if(mousex0 > board_x and mousex0 < board_x + gem_x)then
                        position1_x <= "000";
                end if;
                if(mousex0 > board_x + gem_x + gap_x and mousex0 < board_x + gem_x * 2 + gap_
x)then
                        position1_x <= "001";
                end if;
                if(mousex0 > board_x + gem_x * 2 + gap_x * 2 and mousex0 < board_x + gem_x *
3 + gap_x * 2)then
                        position1_x <= "010";
                end if;
                if(mousex0 > board_x + gem_x * 3 + gap_x * 3 and mousex0 < board_x + gem_x *
4 + gap_x * 3)then
                        position1_x <= "011";
                end if;
                if(mousex0 > board_x + gem_x * 4 + gap_x * 4 and mousex0 < board_x + gem_x *
5 + gap_x * 4)then
                        position1_x <= "100";
                end if;
                if(mousex0 > board_x + gem_x * 5 + gap_x * 5 and mousex0 < board_x + gem_x *
6 + gap_x * 5)then
                        position1_x <= "101";
                end if;
                if(mousex0 > board_x + gem_x * 6 + gap_x * 6 and mousex0 < board_x + gem_x *
7 + gap_x * 6)then
                        position1_x <= "110";
                end if;
                if(mousex0 > board_x + gem_x * 7 + gap_x * 7 and mousex0 < board_x + gem_x *
8 + gap_x * 7)then
                        position1_x <= "111";
                end if;
                if(mousey0 > board_y and mousey0 < board_y + gem_y)then
                        position1_y <= "000";
                end if;
                if(mousey0 > board_y + gem_y + gap_y and mousey0 < board_y + gem_y * 2 + gap_
y)then
                        position1_y <= "001";
                end if;
                if(mousey0 > board_y + gem_y * 2 + gap_y * 2 and mousey0 < board_y + gem_y *
3 + gap_y * 2)then
                        position1_y <= "010";
                end if;
                if(mousey0 > board_y + gem_y * 3 + gap_y * 3 and mousey0 < board_y + gem_y *
4 + gap_y * 3)then
                        position1_y <= "011";
                end if;
                if(mousey0 > board_y + gem_y * 4 + gap_y * 4 and mousey0 < board_y + gem_y *
5 + gap_y * 4)then
                        position1_y <= "100";
```

```
                        end if;
                        if(mousey0 > board_y + gem_y * 5 + gap_y * 5 and mousey0 < board_y + gem_y *
  6 + gap_y * 5)then
                            position1_y < = "101";
                        end if;
                        if(mousey0 > board_y + gem_y * 6 + gap_y * 6 and mousey0 < board_y + gem_y *
  7 + gap_y * 6)then
                            position1_y < = "110";
                        end if;
                        if(mousey0 > board_y + gem_y * 7 + gap_y * 7 and mousey0 < board_y + gem_y *
  8 + gap_y * 7)then
                            position1_y < = "111";
                        end if;
              -- 根据位置 1 和方向键产生需要交换的位置 2;假设横坐标为 x, 纵坐标为 y
              -- 如果在边界上则不能进行交换
                        if(keyboard_command = "00")then
                            if(position1_y/ = "000") then
                                position2_y < = position1_y - 1;
                                position2_x < = position1_x;
                            end if;
                        end if;
                        if(keyboard_command = "01")then
                            if(position1_y/ = "111") then
                                position2_y < = position1_y + 1;
                                position2_x < = position1_x;
                            end if;
                        end if;
                        if(keyboard_command = "10")then
                            if(position1_x/ = "000") then
                                position2_y < = position1_y;
                                position2_x < = position1_x - 1;
                            end if;
                        end if;
                        if(keyboard_command = "11")then
                            if(position1_x/ = "111") then
                                position2_y < = position1_y;
                                position2_x < = position1_x + 1;
                            end if;
                        end if;
                    end if;
                when others = >
            end case;
            end if;
        end process;
end control;
```

3. 游戏逻辑模块(仅保留状态机部分)

```
        case nowstat is
        -- 游戏开始与初始化过程/gameover 状态
        when "0000" = >
            if game_on = '1' then
                score < = 0;
```

```
                game_over <= '0';
                timecount <= 60 * timef;
                movecount <= 62;
                subtimecount <= 5 * timef;
-- 随机生成宝石
            for i in 0 to 7 loop
                for j in 0 to 7 loop
                    game_board(i * 8 + j).color <= toColor((seed + i * 5 + j) mod 64);
                    game_board(i * 8 + j).special <= normal;
                end loop;
            end loop;
            nextstat <= "1010";                      -- 跳转到判断是否有消除
        end if;

-- 读取键盘, 等待用户交换宝石
when "0001" =>
    if move = '1' then
        x1 <= conv_integer(gem1_x);
        y1 <= conv_integer(gem1_y);
        x2 <= conv_integer(gem2_x);
        y2 <= conv_integer(gem2_y);
        nextstat <= "0010";
        legal <= '0';
    end if;
-- 准备交换, 设置临时变量
when "0010" =>
    tmpgem1 <= game_board(x1 * 8 + y1);
    tmpgem2 <= game_board(x2 * 8 + y2);
    nextstat <= "0011";
-- 交换
when "0011" =>
    game_board(x1 * 8 + y1) <= tmpgem2;
    game_board(x2 * 8 + y2) <= tmpgem1;
    nextstat <= "0100";
    animetimecount <= timef/animespeed;    -- 设置动画时间的时钟周期数
-- 判断是否产生消除准备
when "0100" =>
    if animetimecount = 0 then
    -- 动画时间完成后进行消除判断,调用 define.vhd 里的 matching 函数
        matching(matched, game_board, nouse_int);
        nextstat <= "1100";                      -- 转入消除判断状态
    end if;
    animetimecount <= animetimecount - 1;    -- 每个 clk 上升沿动画时间减 1
-- 消除
when "0101" =>
    tmpscore := 0;
    for i in 0 to 63 loop -- 对每个格子判断否消除,记分并更新动画
        if matched(i) = '1' then
            game_board(i) <= nogem;
            tmpscore := tmpscore + 1;
        end if;
    end loop;
    score <= score + tmpscore;
    nextstat <= "0110";                      -- 进入掉落准备
```

```
        matched < = "0000000000000000000000000000000000000000000000000000000000000000";
                                           -- 还原消除判断矩阵
        animetimecount < = timef/animespeed;    -- 动画时间初始化
-- 掉落准备
when "0110" = >
    if animetimecount = 0 then              -- 等待动画时间到
        -- 用 game_board_tmp 暂存新的 board 图样
        for i in 0 to 63 loop
            game_board_tmp(i) < = nogem;
        end loop;
        for i in 0 to 7 loop
            tmpint : = 7;
            for j in 7 downto 0 loop
                if game_board(i * 8 + j).special / = no then
                    game_board_tmp(i * 8 + tmpint) < = game_board(i * 8 + j);
                                           -- 每一列宝石掉落到底
                    tmpint : = tmpint - 1;
                end if;
            end loop;
        end loop;
        nextstat < = "0111";
    end if;
    animetimecount < = animetimecount - 1;
-- 掉落
when "0111" = >
    game_board < = game_board_tmp;          -- 更新 board
    nextstat < = "1000";


-- 补充
when "1000" = >
    for i in 0 to 7 loop
        for j in 0 to 7 loop
            if game_board(i * 8 + j).special = no then
                                           -- 对没有宝石的位置随机更新宝石
                game_board(i * 8 + j).color < = toColor((seed + i * 5 + j) mod 64);
                game_board(i * 8 + j).special < = normal;
            end if;
        end loop;
    end loop;
    nextstat < = "1001";
    animetimecount < = timef/animespeed;    -- 设置动画
-- 补充后判断是否有消除准备(有动画)
when "1001" = >
    if animetimecount = 0 then
        matching(matched, game_board, nouse_int);
        nextstat < = "1010";
    end if;
    animetimecount < = animetimecount - 1;
-- 补充后判断是否有消除
when "1010" = >
-- 无消除,不需操作,等待断码消失
    if matched = "0000000000000000000000000000000000000000000000000000000000000000" then
        nextstat < = "1111";
    -- 有消除,继续消除
```

```vhdl
        else
            nextstat <= "0101";
        end if;
-- 判断是否有消除
when "1100" =>
        -- 无消除,还原交换,并等待断码消失
        if matched = "0000000000000000000000000000000000000000000000000000000000000000" then
            game_board(x1 * 8 + y1) <= tmpgem1;
            game_board(x2 * 8 + y2) <= tmpgem2;
            nextstat <= "1111";
        -- 有消除
        else
            nextstat <= "0101";
            subtimecount <= 5 * timef;
        end if;
-- 死局重置
when "1101" =>
        -- 随机生成宝石
            for i in 0 to 7 loop
                for j in 0 to 7 loop
                    game_board(i * 8 + j).color <= toColor((seed + i * 5 + j) mod 64);
                    game_board(i * 8 + j).special <= normal;
                end loop;
            end loop;
        nextstat <= "1001";                        -- 判断是否消除
-- 等待键盘断码消失,不可移动状态
when "1111" =>
        if move = '0' then -- game_control 的 if_exchange 归为 0
            nextstat <= "0001";
            if mode = bonanza then
                movecount <= movecount - 1;
            end if;
            matched <= "0000000000000000000000000000000000000000000000000000000000000000";
        end if;

when others =>
        nextstat <= "0000";


end case;
-- 子时间
if mode /= gameover then
    if subtimecount = 0 then
        if mode = classic then                     -- 传统模式,重新开始
            nextstat <= "0000";
            game_over <= '1';
        else                                       -- 认为是死局,重置局面
            nextstat <= "1101";
            if mode = bonanza then                 -- bonanza 模式下扣除两次移动次数
                movecount <= movecount - 2;
            end if;
        end if;
        subtimecount <= 5 * timef;                 -- 5s 的时间重置
    end if;
end if;
```

```
                    -- blitz 模式消耗游戏次数
          if mode = blitz and game_on = '0' then
              timecount <= timecount - 1;
              if timecount = 0 then                    -- 游戏次数耗尽, 失败
                  nextstat <= "0000";
                  game_over <= '1';
              end if;
          end if;
                    -- bonanza 模式移动次数耗尽, 失败
          if mode = bonanza and game_on = '0' then
              if moveleft = 0 then
                  nextstat <= "0000";
                  game_over <= '1';
              end if;
          end if;
                    -- 强制 reset
          if rst = '0' then
              nextstat <= "0000";
              game_over <= '1';
          end if;
          nowstat <= nextstat;                -- 状态切换到根据各游戏模式判断的下一个状态
          end if;
      end process;
```

第 **8** 章

武功三　塔防游戏

8.1　江湖传言

在前面两个案例中已经讲解了模块化的设计、状态机的实现，那么在已有各个模块的功能设计与状态机实现后，为了能将它们组合到一起协调工作，就需要考虑信号线的设计分配。

接下来这个案例将为大家带来经典的塔防游戏。通过这个案例，详细介绍并展示各模块之间信号线、接口的设计，让大家对数字逻辑设计开发中的一些细节问题有更进一步的了解。

游戏采用经典塔防游戏模式，开始游戏后玩家选择位置建立防御塔，通过从防御塔发射燃烧弹来防御多波怪物入侵。入侵的怪物从起点开始沿路径向终点移动，当突破防线的怪物超过一定数量后游戏结束，如果玩家顺利撑过 5 轮怪物，则取得游戏胜利。

8.2　提纲挈领

还是从总纲中的"模块化设计"思路出发，本案例的总体结构设计如图 8-1 所示。

在这些步骤中，逻辑主控部分和输出渲染部分乃招式核心，如图 8-2、图 8-3 所示，需要大家细细品味。

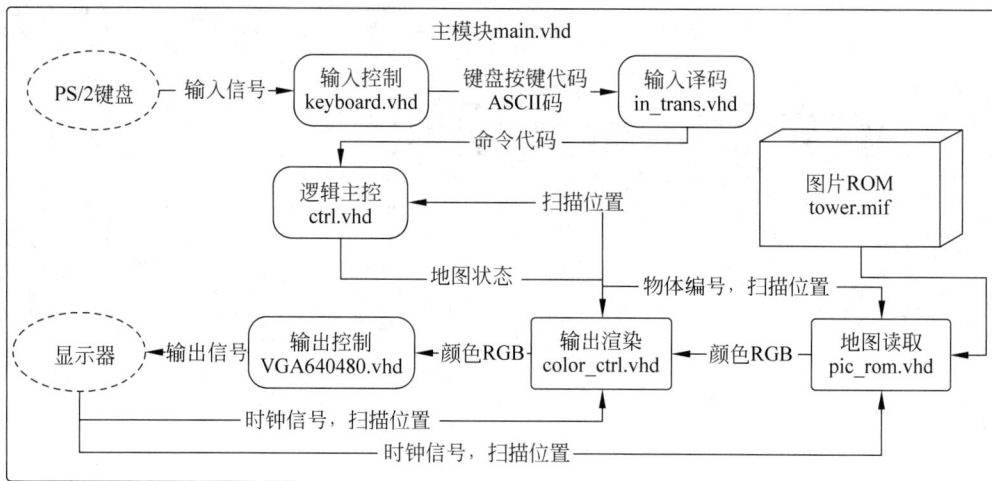

图 8-1 塔防游戏总体结构设计

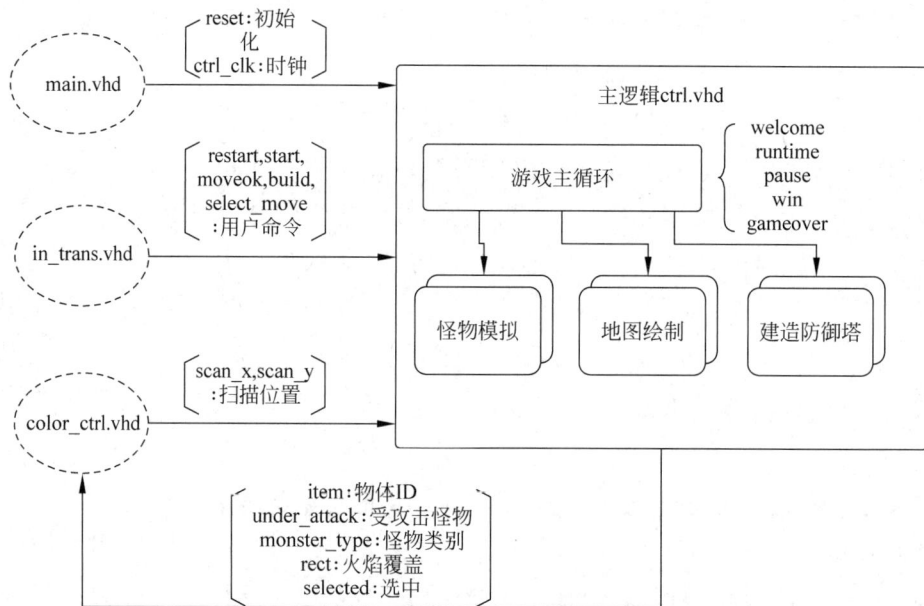

图 8-2 逻辑主控部分

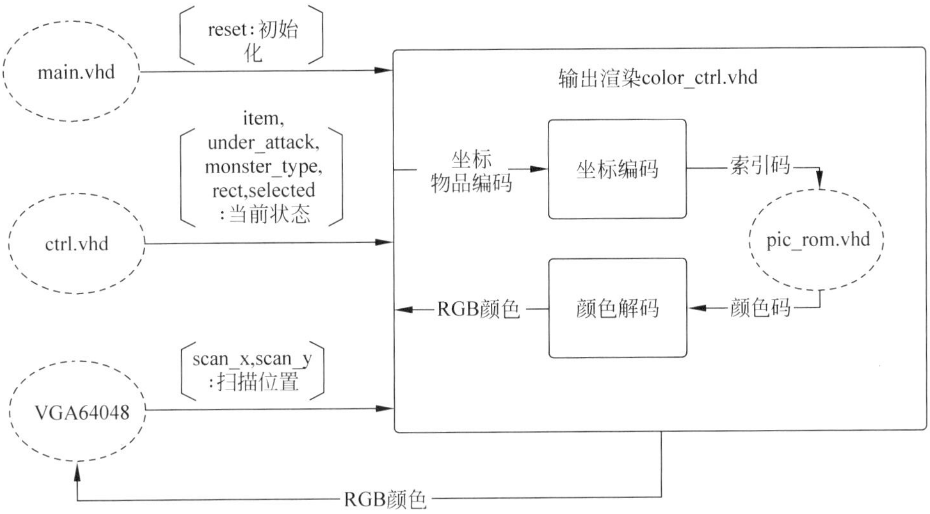

图 8-3 输出渲染部分

Q 8.3 明确招式

一门武功一般由招式和口诀组成,二者缺一不可。数设江湖里的武功,招式尤指实验所用到的基础知识,而口诀则是实验中遇到的问题及解决办法。在运用总纲得出了武功整体设计后,通过明确招式,确定分模块的具体功能实现与状态机细化。

1. 键盘输入控制(keyboard.vhd)

PS/2 键盘通过键盘按键的按下产生数据并接收,接收 11 个串行数据并进行串并转换,之后进行奇偶校验,提取出其中的 8 位扫描码(code)传给输入译码并做相应的译码等操作。接口说明见表 8-1。

表 8-1 PS/2 接口说明

接 口	类 型	说 明
datain	in	键盘输入数据
clkin	in	键盘时钟
fclk	in	过滤时钟
rst	in	重置
code	out	最终输出的二进制编码

2. 输入译码(intrans.vhd)

将输入控制模块得到的按键编码(8 位二进制)转化为逻辑主控可以识别的命令。接口说明见表 8-2。

表 8-2 按键编码接口

接　　口	类　型	说　　明
reset	in	重置
code	in	键盘输入的二进制编码
restart	out	重新开始
start	out	开始游戏
build	out	建立防御塔
moveOk	out	是否有键盘移动
select_move	out	移动框的方向

3. 逻辑主控（ctrl.vhd）

控制整个游戏进程的状态转换，协调多个模块之间的关系，维护游戏画面的基础信息。接口说明见表 8-3。

表 8-3 逻辑接口表

接　　口	类　型	说　　明
reset	in	重置
ctrl_clk	in	24MHz 时钟
来自输入译码		
restart	in	重新开始
start	in	开始游戏
build	in	建立防御塔
moveOk	in	是否有键盘移动
select_move	in	移动框的方向
来自 VGA		
scan_x	in	当前扫描位置 x 坐标
scan_y	in	当前扫描位置 y 坐标
输出到颜色控制		
item	out	物体代码
under_attack	out	该位置是否正在被攻击
monster_type	out	用于支持多种怪物
rect	out	该位置是否处于塔攻击范围内
result	out	游戏结束状态
selected	out	该位置是否被选中

4. 颜色渲染（color_ctrl.vhd）

根据逻辑主控提供的物体代码和 VGA 当前扫描位置，访问图片 ROM，确定该位置的 RGB 颜色输出给 VGA。接口说明见表 8-4。

表 8-4 颜色渲染接口表

接 口	类 型	说 明
reset	in	重置
来自逻辑主控		
item	in	物体代码
under_attack	in	该位置是否正在被攻击
monster_type	in	用于支持多种怪物
rect	in	该位置是否处于塔攻击范围内
result	in	游戏结束状态
selected	in	该位置是否被选中
与 VGA 交互		
scan_x	in	当前扫描位置 x 坐标
scan_y	in	当前扫描位置 y 坐标
r,g,b	out	当前位置应赋予的 RGB 颜色
与图片 ROM 交互		
address	out	给出访问地址
q	in	获得颜色值表示

5. 地图读取(pic_rom.vhd)

根据相对位置坐标读取 ROM 中存储的 RGB 颜色值。其中为了减少存储需要的空间,要把相对位置除以 2 再代入 ROM 中取字,效果是将 ROM 中的图片放大为原来的 4 倍面积。

mif 文件(tower.mif):地址 0-4095。

对于每一个 12 位地址,包含了物体代码(4 位)和局部的 x,y 坐标(8 位),为了改善颜色的存储效果,mif 中存储的实际内容为颜色的编码,等到输出时再通过逻辑判断转换为对应的颜色。接口说明见表 8-5。

表 8-5 地图读取接口表

接 口	类 型	说 明
clock	in	时钟
address	in	获得访问地址
q	out	给出颜色值表示

6. 输出控制(VGA640480.vhd)

把扫描当前点的坐标值 scan_x、scan_y 输出作为模块 transfer 以及 ctrl 的输入。根据颜色控制模块传入的 r、g、b 信息进行判断,对消隐区以及相应的行场同步信号产生进行处理,之后由 rout、gout、bout 进行输出。接口说明见表 8-6。

表 8-6 输出控制接口表

接 口	类 型	说 明
reset	in	重置
clk_0	in	100MHz 时钟

续表

接　口	类　型	说　明
r、g、b	in	颜色控制模块传入的 RGB 颜色
clk_out	out	分频后的 50MHz 时钟
scan_x	out	当前扫描位置 x 坐标
scan_y	out	当前扫描位置 y 坐标
hs、vs	out	行场同步信号
rout、gout、bout	out	当前扫描位置 RGB

8.4　自我修炼

自我修炼环节,旨在提取关键模块,以伪代码形式示例说明如何修炼该武功。

1. 主要架构

这一部分摘录于 main. vhd,作为入口模块,该模块之于工程,犹如骨骼筋脉之于人,倘若能够理解经脉骨骼的构成,其他东西都已是小菜一碟了。

```
library ieee;
use ieee.std_logic_1164.all;
USE ieee.std_logic_unsigned.all;
use ieee.std_logic_arith.all;

library data_type;
use data_type.matrix.all;

entity main is
port(
  ctrl_clk, clk_0, datain, reset, clkin : in std_logic;      -- 基础时钟与控制信息
  rout , gout , bout : out std_logic_vector(2 downto 0);     -- 扫描点 RGB 值
  hs, vs: out std_logic;                                      -- 行同步,场同步信号
  seg0,seg1:out std_logic_vector(6 downto 0);
  restart1: out std_logic;                                    -- 重新开始信号
  start1: out std_logic;                                      -- 开始信号
  build1: out std_logic;                                      -- 建塔信号
  moveok1: out std_logic;                                     -- 移动完成信号
  select_move1: out std_logic_vector(1 downto 0)             -- 移动方向
);
end main;

architecture behave of main is
  signal code : std_logic_vector(7 downto 0);                 -- 键盘输入字符码
  signal restart, start, build, moveok: std_logic;            -- 键盘输入解析出的控制信号
  signal select_move: std_logic_vector(1 downto 0);
                        -- 键盘输入解析出的方向命令(00:up 01:down 10:left 11:right)
  signal scan_x: std_logic_vector(9 downto 0);                -- 显示器扫描位置 x 坐标
  signal scan_y: std_logic_vector(8 downto 0);                -- 显示器扫描位置 y 坐标
  signal item: std_logic_vector(3 downto 0);                  -- 当前扫描的位置的物体编号
  signal under_attack: std_logic;                             -- 当前位置怪物是否被攻击
  signal monster_type: std_logic_vector(1 downto 0);          -- 这一轮的怪物编号
```

```
    signal rect: std_logic;                           -- 当前块是否被火焰覆盖
    signal result: std_logic_vector(1 downto 0);
                                          -- 游戏当前状态 : 00 - win 01 - runtime 11 - failed
    signal selected: std_logic;                        -- 当前是否被选
    signal address: std_logic_vector(11 downto 0);
                                          -- 索引地址(4bits 索引物品, 8bits 索引位置)
    signal q: std_logic_vector(2 downto 0);            -- 索引结果,颜色编号
    signal r, g, b: std_logic_vector(2 downto 0);      -- 解析出的颜色 RGB 值
    signal clk_out: std_logic;                         -- VGA 时钟信号
    signal clk_on: std_logic;                          -- PS/2 时钟信号


-------------------------------------------------------------------------

component VGA_640480 is                                -- 输出控制
    port(
        r,g,b : in std_logic_vector(2 downto 0);
        reset : in STD_LOGIC;
        clk_out : out std_logic;
        clk_0 : in STD_LOGIC;
        hs,vs : out STD_LOGIC;
        scan_x : buffer std_logic_vector(9 downto 0);
        scan_y : buffer std_logic_vector(8 downto 0);
        rout,gout,bout : out STD_LOGIC_vector(2 downto 0)
    );
end component;

component Keyboard is                                  -- 输入控制
port (
  datain, clkin : in std_logic;
  fclk, rst : in std_logic;
  code : out std_logic_vector(7 downto 0);
  clk_on : out std_logic
  ) ;
end component;

component intran is                                    -- 输入解码
port(
  clk_on: in std_logic;
  code: in std_logic_vector(7 downto 0);
  reset: in std_logic;
  restart: out std_logic;
  start: out std_logic;
  build: out std_logic;
  moveok: out std_logic;
  select_move: out std_logic_vector(1 downto 0)
);
end component;

component transfer is                                  -- 输出渲染
port(
  reset: in std_logic;
  scan_x: in std_logic_vector(9 downto 0);
  scan_y: in std_logic_vector(8 downto 0);
  item: in std_logic_vector(3 downto 0);
```

```vhdl
      under_attack: in std_logic;
      monster_type: in std_logic_vector(1 downto 0);
      rect: in std_logic;
      result: in std_logic_vector(1 downto 0);
      selected: in std_logic;
      q: in std_logic_vector(2 downto 0);
      address: out std_logic_vector(11 downto 0);
      r: out std_logic_vector(2 downto 0);
      g: out std_logic_vector(2 downto 0);
      b: out std_logic_vector(2 downto 0)
   );
   end component;

   component pic_rom IS                               -- 地图读取
      PORT
      (
         address : IN STD_LOGIC_VECTOR (11 DOWNTO 0);
         clock : IN STD_LOGIC;
         q : OUT STD_LOGIC_VECTOR (2 DOWNTO 0)
      );
   END component;

   component ctrl is                                  -- 主控逻辑
   port(
         reset: in std_logic;
          -- from cp
         ctrl_clk: in std_logic;
          -- from ps2
         restart, start, moveok, build: in std_logic;
         select_move: in std_logic_vector(1 downto 0);
          -- from transfer
         scan_x: in std_logic_vector(9 downto 0);
         scan_y: in std_logic_vector(8 downto 0);
          -- to transfer
         item: out std_logic_vector(3 downto 0);
         under_attack: out std_logic;
         monster_type: out std_logic_vector(1 downto 0);
         rect: out std_logic;
         result: out std_logic_vector(1 downto 0);
         selected: out std_logic
   );
   end component;

   component seg7 is
   port(
   code:in std_logic_vector(3 downto 0);
   seg_out :out std_logic_vector(6 downto 0)
   );
   end component;

   -----------------------------------------------------------------

begin
   DebugProcess:
   process(restart, start, build, moveok, select_move)
```

```
begin
    restart1 <= restart;
    start1 <= start;
    build1 <= build;
    moveok1 <= moveok;
    select_move1 <= select_move;
end process;

show : component VGA_640480
    port map
    (
        r => r, g => g, b => b, reset => reset, clk_out => clk_out,
        clk_0 => clk_0, hs => hs, vs => vs, scan_x => scan_x, scan_y => scan_y, rout =>
rout, gout => gout, bout => bout
    );
    input : component Keyboard
    port map(datain => datain, clkin => clkin, fclk => clk_0, rst => reset, code => code, clk_
on => clk_on);
    trans : component intran
    port map(clk_on, code, reset, restart, start, build, moveok, select_move);
    color_ctrl: component transfer
    port map(reset, scan_x, scan_y, item, under_attack, monster_type, rect, result, selected,
q, address, r, g, b);
    rom: component pic_rom
    port map(address, clk_out, q);
    logic : component ctrl
    port map(reset, ctrl_clk , restart, start , moveok , build , select_move , scan_x , scan_y ,
item, under_attack, monster_type, rect, result, selected);
    out1: seg7 port map(code(3 downto 0),seg0);
    out2: seg7 port map(code(7 downto 4),seg1);
end behave;
```

2. 输入控制

输入控制对接 PS/2 接口,将 PS/2 数据转化为字符码,方便后续的处理。

```
library ieee;
use ieee.std_logic_1164.all;
USE ieee.std_logic_unsigned.all;
use ieee.std_logic_arith.all;

entity Keyboard is
port (
    datain, clkin : in std_logic;              -- PS2 时钟信号与输入数据
    fclk, rst : in std_logic;                  -- filter 时钟
    code : out std_logic_vector(7 downto 0);   -- 字符码
    clk_on : out std_logic
    )
;end Keyboard ;

architecture rtl of Keyboard is
type state_type is (delay, start, d0, d1, d2, d3, d4, d5, d6, d7, parity, stop, finish);
signal data, clk, clk1, clk2, odd, fok : std_logic; -- 毛刺处理内部信号, odd 表示奇偶校验
signal scancode : std_logic_vector(7 downto 0);
```

```vhdl
    signal state : state_type;
begin
    clk1 <= clkin when rising_edge(fclk);
    clk2 <= clk1 when rising_edge(fclk);
    clk <= (not clk1) and clk2;
    clk_on <= clk;
    data <= datain when rising_edge(fclk);

    odd <= scancode(0) xor scancode(1) xor scancode(2) xor scancode(3)
        xor scancode(4) xor scancode(5) xor scancode(6) xor scancode(7);

    code <= scancode when fok = '1';

    process(rst, fclk)
    begin
        if rst = '0' then
            state <= delay;
            scancode <= (others => '0');
            fok <= '0';
        elsif rising_edge(fclk) then
            fok <= '0';
            case state is
                when delay =>
                    state <= start;
                when start =>
                    if clk = '1' then
                        if data = '0' then
                            state <= d0;
                        else
                            state <= delay ;
                        end if;
                    end if;
                when d0 =>
                    if clk = '1' then
                        scancode(0) <= data;
                        state <= d1;
                    end if;
                when d1 =>
                    if clk = '1' then
                        scancode(1) <= data;
                        state <= d2;
                    end if;
                when d2 =>
                    if clk = '1' then
                        scancode(2) <= data;
                        state <= d3;
                    end if;
                when d3 =>
                    if clk = '1' then
                        scancode(3) <= data;
                        state <= d4;
                    end if;
                when d4 =>
                    if clk = '1' then
```

```
                    scancode(4) <= data;
                    state <= d5;
                end if;
            when d5 =>
                if clk = '1' then
                    scancode(5) <= data;
                    state <= d6;
                end if;
            when d6 =>
                if clk = '1' then
                    scancode(6) <= data;
                    state <= d7;
                end if;
            when d7 =>
                if clk = '1' then
                    scancode(7) <= data;
                    state <= parity;
                end if;
            WHEN parity =>
                IF clk = '1' then
                    if (data xor odd) = '1' then
                        state <= stop;
                    else
                        state <= delay;
                    end if;
                END IF;

            WHEN stop =>
                IF clk = '1' then
                    if data = '1' then
                        state <= finish;
                    else
                        state <= delay;
                    end if;
                END IF;

            WHEN finish =>
                state <= delay;
                fok <= '1';
            when others =>
                state <= delay;
        end case;
    end if;
  end process;
end rtl;
```

3. 输入解码

通过输入控制模块，可以得到一个 code 信号，那么当前需要做的就是将输入进行解码，
提取出其中有意义的信号。

```
library ieee;
use ieee.std_logic_1164.all;
USE ieee.std_logic_unsigned.all;
```

```vhdl
use ieee.std_logic_arith.all;
entity intran is
port(
  clk_on: in std_logic;
  reset: in std_logic : = '1';
  code: in std_logic_vector(7 downto 0) : = "00000000";
  restart: out std_logic : = '0';
  start: out std_logic : = '0';
  build: out std_logic : = '0';
  moveok: out std_logic : = '0';
  select_move: out std_logic_vector(1 downto 0) : = "00"
);
end intran;

architecture behave of intran is

signal operate: std_logic : = '0';

begin
  process(reset, code)
  begin
    if (reset = '0') then
      restart <= '0';
      start <= '0';
      build <= '0';
      moveok <= '0';
      select_move <= "00";
    else
      if (code = "11110000") then
        moveok <= '0';
        start <= '0';
        restart <= '0';
        -- todo: build and others, total states machine
        build <= '0';
        operate <= '1';
      else
        if(operate = '0') then
          case code is
            when "01110110" => -- Esc: 重新开始
              restart <= '1';
              start <= '0';
              build <= '0';
              moveok <= '0';
              select_move <= "00";
            when "01011010" => -- Enter: 开始
              restart <= '0';
              start <= '1';
              build <= '0';
              moveok <= '0';
              select_move <= "00";
            when "00101001" => -- Space: 建造
              restart <= '0';
              start <= '0';
              build <= '1';
```

```
                            moveok <= '0';
                            select_move <= "00";
                  when "00011101" => -- W:向上移动光标
                            restart <= '0';
                            start <= '0';
                            build <= '0';
                            moveok <= '1';
                            -- moveok <= '0';
                            select_move <= "00";
                  when "00011011" => -- S:向下移动光标
                            restart <= '0';
                            start <= '0';
                            build <= '0';
                            moveok <= '1';
                            -- moveok <= '0';
                            select_move <= "01";
                  when "00011100" => -- A:向左移动光标
                            restart <= '0';
                            start <= '0';
                            build <= '0';
                            moveok <= '1';
                            -- moveok <= '0';
                            select_move <= "10";
                  when "00100011" => -- D:向右移动光标
                            restart <= '0';
                            start <= '0';
                            build <= '0';
                            moveok <= '1';
                            -- moveok <= '0';
                            select_move <= "11";
                  when others =>
                            restart <= '0';
                            start <= '0';
                            build <= '0';
                            moveok <= '0';
                            select_move <= "00";
                end case;
            else
                operate <= '0';
            end if;
          end if;
        end if;
      end process;
end behave;
```

4. 输出控制

```
//VGA 输出控制
library ieee;
use ieee.std_logic_1164.all;
use ieee.std_logic_unsiqned.all;
use ieee.std_logic_arith.all;
```

```vhdl
entity vga_640480 is
    port(
            r,g,b : in std_logic_vector(2 downto 0);
            reset : in   STD_LOGIC;
            clk_out : out std_logic;
            clk_0 : in   STD_LOGIC;                    -- 100MHz 时钟输入
            hs,vs : out STD_LOGIC;                     -- 行同步和场同步信号
            scan_x : out std_logic_vector(9 downto 0);
            scan_y : out std_logic_vector(8 downto 0);
            rout,gout,bout : out STD_LOGIC_vector(2 downto 0)
        );
end vga_640480;

architecture behavior of vga_640480 is

    signal r1,g1,b1 : std_logic_vector(2 downto 0);
    signal hs1,vs1 : std_logic;
    signal vector_x : std_logic_vector(9 downto 0);    -- x 坐标
    signal vector_y : std_logic_vector(8 downto 0);    -- y 坐标
    signal clk : std_logic;                            -- 50MHz
    signal clk_25 : std_logic;                         -- 25Mhz
begin

clk_out <= clk_25;
--------------------------------------------------------------------
  process(clk_0)                                       -- 对 100MHz 输入信号二分频
    begin
        if(clk_0'event and clk_0 = '1') then
            clk <= not clk;
        end if;
    end process;

  process(clk)
    begin
        if(clk'event and clk = '1') then
            clk_25 <= not clk_25;
        end if;
    end process;
--------------------------------------------------------------------
    process(clk_25,reset)                              -- 行区间像素数(含消隐区)
    begin
        if reset = '0' then
            vector_x <= (others =>'0');
        elsif clk_25'event and clk_25 = '1' then
            if vector_x = 799 then
                vector_x <= (others =>'0');
            else
                vector_x <= vector_x + 1;
            end if;
        end if;
    end process;
--------------------------------------------------------------------
    process(clk_25,reset)                              -- 场区间行数(含消隐区)
    begin
```

```
        if reset = '0' then
            vector_y <= (others =>'0');
        elsif clk_25'event and clk_25 = '1' then
            if vector_x = 799 then
                if vector_y = 524 then
                    vector_y <= (others =>'0');
                else
                    vector_y <= vector_y + 1;
                end if;
            end if;
        end if;
    end process;
```

```
    process(clk_25,reset)                       --行同步信号产生(同步宽度96,前沿16)
    begin
        if reset = '0' then
          hs1 <= '1';
        elsif clk_25'event and clk_25 = '1' then
          if vector_x >= 656 and vector_x < 752 then
              hs1 <= '0';
          else
              hs1 <= '1';
          end if;
        end if;
    end process;
```

```
    process(clk_25,reset)                       --场同步信号产生(同步宽度2,前沿10)
    begin
        if reset = '0' then
            vs1 <= '1';
        elsif clk_25'event and clk_25 = '1' then
            if vector_y >= 490 and vector_y < 492 then
                vs1 <= '0';
            else
                vs1 <= '1';
            end if;
        end if;
    end process;
```

```
    process(clk_25,reset)                       --行同步信号输出
    begin
        if reset = '0' then
            hs <= '0';
        elsif clk_25'event and clk_25 = '1' then
            hs <= hs1;
        end if;
    end process;
```

```
    process(clk_25,reset)                       --场同步信号输出
    begin
        if reset = '0' then
```

```
                    vs <= '0';
            elsif clk_25'event and clk_25 = '1' then
                    vs <=   vs1;
            end if;
        end process;


    -----------------------------------------------------------
        process(reset,clk_25,vector_x,vector_y)          -- xy 坐标定位控制
        begin
            if reset = '0' then
                r1 <= "000";
                g1 <= "000";
                b1 <= "000";
            elsif(vector_x < 0 or vector_x > 640 or vector_y < 0 or vector_y > 480) then
                r1 <= "000";
                g1 <= "000";
                b1 <= "000";
            elsif(clk_25'event and clk_25 = '1')then
                r1 <= r;
                g1 <= g;
                b1 <= b;
                scan_x <= vector_x;
                scan_y <= vector_y;
            end if;
            end process;


    -----------------------------------------------------------
        process (hs1, vs1, r1, g1, b1)                    -- 色彩输出
        begin
            if hs1 = '1' and vs1 = '1' then
                rout <= r1;
                gout <= g1;
                bout <= b1;
            else
                rout <= (others => '0');
                gout <= (others => '0');
                bout <= (others => '0');
            end if;
        end process;

end behavior;
```

5. 输出渲染

```
-- 色彩控制模块
-- By Xiangyue Zhao

library ieee;
use ieee.std_logic_1164.all;
USE ieee.std_logic_unsigned.all;
use ieee.std_logic_arith.all;

library data_type;
```

```vhdl
use data_type.matrix.all;

entity transfer is
port(
  reset: in std_logic;
  scan_x: in std_logic_vector(9 downto 0);          -- X_address
  scan_y: in std_logic_vector(8 downto 0);          -- Y_address
  item: in std_logic_vector(3 downto 0);            -- item Id
  under_attack: in std_logic;                       -- 是否受到攻击(怪物专用)
  monster_type: in std_logic_vector(1 downto 0);    -- 怪物类型
  rect: in std_logic;                               -- 是否受到攻击 (monster/road/grassland)
  result: in std_logic_vector(1 downto 0);          -- 游戏状态：00 - win 01 - runtime 11 - failed
  selected: in std_logic;                           -- 是否被玩家选中
  q: in std_logic_vector(2 downto 0);               -- 颜色 id
  address: out std_logic_vector(11 downto 0);       -- 位置和 Item - id
  r: out std_logic_vector(2 downto 0);              -- 红色
  g: out std_logic_vector(2 downto 0);              -- 绿色
  b: out std_logic_vector(2 downto 0)               -- 蓝色
);
end entity;

architecture behave of transfer is
signal rout,gout,bout : std_logic_vector(2 downto 0);
signal intx, inty, modx, mody: integer range 0 to 2000;
signal tmpx, tmpy: std_logic_vector(3 downto 0);
begin
  process(intx, inty, modx, mody, tmpx, tmpy, scan_x, scan_y, item, reset, selected, q, under_
attack, monster_type, result)
    variable itemtmp: std_logic_vector(3 downto 0);
    -- 生成 RGB 组件
    begin
      if (item = "0111") then
        case monster_type is
          when "00" =>
            if(under_attack = '1') then
              itemtmp : = "0100";
            else
              itemtmp : = "0111";
            end if;
          when "01" =>
            if(under_attack = '1') then
              itemtmp : = "1010";
            else
              itemtmp : = "1001";
            end if;
          when "10" =>
            if(under_attack = '1') then
              itemtmp : = "1101";
            else
              itemtmp : = "1100";
            end if;
          when others => itemtmp : = item;
        end case;
      else
```

```
      itemtmp : = item;
   end if;

   if (result = "00") then
      itemtmp : = "0101";
   elsif (result = "11") then
      itemtmp : = "1011";
   end if;

   intx <= conv_integer(scan_x);
   inty <= conv_integer(scan_y);
   modx <= (intx mod 32) / 2;
   mody <= (inty mod 32) / 2;
   tmpx <= conv_std_logic_vector(modx, 4);
   tmpy <= conv_std_logic_vector(mody, 4);
   address <= itemtmp(3) & itemtmp(2) & tmpy & itemtmp(1) & itemtmp(0) & tmpx;

   if reset = '0' then
      rout <= "000";
      gout <= "000";
      bout <= "000";
   else
      if (modx = 0 or modx = 15 or mody = 0 or mody = 15) then
         if selected = '0' then
            case q is
               when "000" = >
                  rout <= "000";
                  gout <= "000";
                  bout <= "000";
               when "001" = >
                  rout <= "110";
                  gout <= "010";
                  bout <= "001";
               when "010" = >
                  rout <= "000";
                  gout <= "101";
                  bout <= "000";
               when "011" = >
                  rout <= "011";
                  gout <= "011";
                  bout <= "011";
               when "100" = >
                  rout <= "111";
                  gout <= "001";
                  bout <= "001";
               when "101" = >
                  rout <= "111";
                  gout <= "111";
                  bout <= "111";
               when "110" = >
                  rout <= "101";
                  gout <= "110";
                  bout <= "000";
               when "111" = >
```

```vhdl
                rout <= "111";
                gout <= "110";
                bout <= "101";
              when others =>
                rout <= "000";
                gout <= "000";
                bout <= "000";
            end case;
        else
          rout <= "111";
          gout <= "111";
          bout <= "111";
        end if;
    else
      case q is
        when "000" =>
          rout <= "000";
          gout <= "000";
          bout <= "000";
        when "001" =>
          rout <= "110";
          gout <= "010";
          bout <= "001";
        when "010" =>
          rout <= "000";
          gout <= "101";
          bout <= "000";
        when "011" =>
          rout <= "011";
          gout <= "011";
          bout <= "011";
        when "100" =>
          rout <= "111";
          gout <= "001";
          bout <= "001";
        when "101" =>
          rout <= "111";
          gout <= "111";
          bout <= "111";
        when "110" =>
          rout <= "101";
          gout <= "110";
          bout <= "000";
        when "111" =>
          rout <= "111";
          gout <= "110";
          bout <= "101";
        when others =>
          rout <= "000";
          gout <= "000";
          bout <= "000";
      end case;
    end if;
end if;
```

```vhdl
    -- rout <= rout + 1;
  end process;

  process (rout, gout, bout)                    -- 通过设置红色来画出火焰的效果
  begin
    if (rect = '1') then
      if ((gout = "101") or (rout = "101" and gout = "110") or (gout = "011")) then
        r   <= rout + 2;
      else r <= rout;
      end if;
    else r <= rout;
    end if;
      g   <= gout;
      b   <= bout;
  end process;
end behave;
```

6. 主控逻辑

```vhdl
-- ------------------------------------------------------------
-- ctrl :
-- 顶层控制
-- ------------------------------------------------------------

library ieee;
use ieee.std_logic_1164.all;
use ieee.std_logic_arith.all;
use ieee.std_logic_unsigned.all;

library work;
use work.matrix.all;

entity ctrl is
  port (
    -- 重置
    reset: in std_logic;

    -- 时钟 24MHz
    ctrl_clk: in std_logic;

    -- PS/2 接口
    restart, start, moveok, build: in std_logic;
    select_move: in std_logic_vector(1 downto 0);

    -- transfer 模块发来的信号
    scan_x: in std_logic_vector(9 downto 0);
    scan_y: in std_logic_vector(8 downto 0);

    -- 发给 transfer 模块的信号
    item: out std_logic_vector(3 downto 0);
    under_attack: out std_logic;
    monster_type: out std_logic_vector(1 downto 0);
    rect: out std_logic;
```

```
      result: out std_logic_vector(1 downto 0);  --结果: 00-胜 11-败
      selected: out std_logic
   );
end entity;

architecture map_ctrl of ctrl is
   --怪物移动时钟
   signal m_clk: std_logic;

   --ctrl_clk 的延迟信号
   signal delayed_ctrl_clk: std_logic;

   --自动机: 游戏状态
   --包括状态: welcome、runtime、pause 和 gameover
   type states is (welcome, runtime, pause, gameover, win);
   signal game_state: states := welcome;
   --选中的块坐标
   signal x: integer range 0 to 20 := 0;
   signal y: integer range 0 to 15 := 0;
   --scan_x, scan_y
   signal scan_x_tmp: std_logic_vector(9 downto 0);
   signal scan_y_tmp: std_logic_vector(8 downto 0);
   --渲染位置的块坐标
   signal lx: integer range 0 to 20 := 0;
   signal ly: integer range 0 to 15 := 0;
   --渲染位置的块内坐标
   signal ix, iy: integer range 0 to 32 := 0;
   --每个 lattice 的类型
   signal m: matrix_type;
   --自动机: 移动选中位置
   type movestates is (s0, s1);
   signal m_state: movestates := s0;

   --自动机: 造塔
   --type startstates is (st0, st1);
   --signal st_state: startstates := st0;

   --自动机: 造塔
   type buildstates is (b0, b1);
   signal b_state: buildstates := b0;

   --自动机: 重新开始
   type restartstates is (r0, r1);
   signal r_state: restartstates := r0;

   --塔信息
   signal towers_x: towers_x_type;
   signal towers_y: towers_y_type;
   signal num_of_towers: integer range 0 to LIMIT_OF_TOWERS := 0;
   signal towers_limit: integer range 0 to LIMIT_OF_TOWERS := 10;

   --怪物信息
   signal mons_per_iter_x: monsters_per_iter_x_type;
   signal mons_per_iter_y: monsters_per_iter_y_type;
```

```vhdl
signal num_of_monsters: integer range 0 to MONSTERS_PER_ITER : = 0;
signal inf_num: integer range 0 to MONSTERS_PER_ITER : = MONSTERS_PER_ITER;

-- 怪物血量
signal life_value_per_iter: life_value_per_iter_type : = (50, 50, 50, 50, 50, 50, 50, 50,
50, 50);
signal num_of_alive: integer range 0 to MONSTERS_PER_ITER : = MONSTERS_PER_ITER;

-- 怪物是否被攻击
signal is_under_attack: std_logic_vector(0 to MONSTERS_PER_ITER - 1) : = "0000000000";

-- 方向
signal dir_dx: route_type_1;
signal dir_dy: route_type_1;
signal ptr_array: route_ptr_arr_type;

-- 回合信息
type iterstates is (it0, it1);
signal it_state: iterstates : = it0;

-- 自动机: 回合
type iter_ctrl_states is (ic0, ic1);
-- ic0:during iter ic1:between iter
signal ic_state: iter_ctrl_states : = ic0;
signal cur_iter: integer range 0 to NUM_OF_ITERS : = 0;

-- 伤害
signal hurts: integer range 0 to 10 : = 0;


-----------------------------------------------------------------
begin
  generate_m_clk:
  process(ctrl_clk)            -- 3Hz m_clk
    variable count1: integer : = 0;
  begin
    if ctrl_clk'event and ctrl_clk = '1' then
      if count1 > = 4000000 then
       count1 : = 0;
       m_clk < = not m_clk;
      else
       count1 : = count1 + 1;
      end if;
    end if;
  end process;


-----------------------------------------------------------------
  restartProcess: -- 处理重新开始
  process(ctrl_clk)
  begin
    if(rising_edge(ctrl_clk)) then
      case r_state is
        when r0 = >
          if(restart = '1') then
            r_state < = r1;
```

```vhdl
        end if;
      when r1 =>
        if(restart = '0') then
          r_state <= r0;
        end if;
    end case;
  end if;
end process;

selectProcess: -- 处理选中区域的移动
process(ctrl_clk)
begin
  if(rising_edge(ctrl_clk)) then
    case m_state is
    when s0 =>
      if(moveok = '1') then
        case select_move is
            -- up
          when "00" =>
            if(y > 0) then
              y <= y - 1;
            else
              y <= 14;
            end if;
            -- down
          when "01" =>
            if(y < 14) then
              y <= y + 1;
            else
              y <= 0;
            end if;
            -- left
          when "10" =>
            if(x > 0) then
              x <= x - 1;
            else
              x <= 19;
            end if;
            -- right
          when "11" =>
            if(x < 19) then
              x <= x + 1;
            else
              x <= 0;
            end if;
          when others =>
        end case;
        m_state <= s1;
      end if;
    when s1 => -- m_state = s1
      if(moveok = '0') then
        m_state <= s0;
      end if;
    end case;
```

```vhdl
    end if;
  end process;

  scan_to_lattice_Process:    -- 计算当前渲染位置所对应的块
  process(ctrl_clk, scan_x, scan_y)
  begin
    lx <= conv_integer(scan_x) / 32;
    ly <= conv_integer(scan_y) / 32;
    ix <= conv_integer(scan_x) mod 32;
    iy <= conv_integer(scan_y) mod 32;
  end process;

  out_item_codec_Process:       -- 计算当前块对应的物体的编号
  process(ctrl_clk, lx, ly)
  begin
    item <= m(ly)(lx);
  end process;

  out_monster_attacked_process:  -- 计算当前怪物是否被攻击
  process(ctrl_clk, lx, ly)
    variable under_attack_tmp: std_logic := '0';
  begin
    under_attack_tmp := '0';
    for mons_i in 0 to MONSTERS_PER_ITER - 1 loop
      if ((mons_i >= inf_num) and (mons_i - inf_num < num_of_monsters)) then
        if (life_value_per_iter(mons_i) > 0) then
          if ((mons_per_iter_x(mons_i) = lx) and (mons_per_iter_y(mons_i) = ly)) then
            under_attack_tmp := is_under_attack(mons_i);
          end if;
        end if;
      end if;
    end loop;
    under_attack <= under_attack_tmp;
  end process;

  out_monster_type_process:  -- 计算当前关卡的怪物类型
  process(ctrl_clk)
  begin
    if (rising_edge(ctrl_clk)) then
      if (cur_iter <= 1) then
        monster_type <= "00";
      elsif (cur_iter <= 3) then
        monster_type <= "01";
      else
        monster_type <= "10";
      end if;
    end if;
  end process;

  out_selected_process:        -- 计算当前位置是否被选中
  process(ctrl_clk, lx, ly, x, y)
  begin
    if((lx = x) and (ly = y)) then
        selected <= '1';
```

```
      else selected <= '0';
    end if;
end process;

out_rect_process:          --计算当前位置是否被火焰覆盖
process(ctrl_clk, lx, ly)
  variable tmp_x: integer range -20 to 20 := 0;
  variable tmp_y: integer range -15 to 15 := 0;
  variable rect_tmp: std_logic := '0';
begin
  rect_tmp := '0';
  out_rect_loop:
  for tower_i in 0 to LIMIT_OF_TOWERS - 1 loop
    if (tower_i < num_of_towers) then
      tmp_x := towers_x(tower_i) - lx;
      tmp_y := towers_y(tower_i) - ly;
      if ((tmp_x >= -2) and (tmp_x <= 2) and (tmp_y >= -2) and (tmp_y <= 2)) then
        rect_tmp := '1';
      end if;
    end if;
  end loop;
  rect <= rect_tmp;
end process;

game_state_machine:      --检查游戏是胜利还是失败,处理出 result 信号
process(ctrl_clk)
begin
  if(rising_edge(ctrl_clk)) then
    case game_state is
      when welcome =>
        result <= "01";
        if(start = '1') then
          game_state <= runtime;
        end if;
      when runtime =>
        result <= "01";
        if(hurts >= 10) then
          game_state <= gameover;
        end if;
        if(cur_iter >= 5) then
          game_state <= win;
        end if;
      when pause =>
        result <= "01";
        if(start = '1') then
          game_state <= runtime;
        end if;
      when gameover =>
        result <= "11";
        if(restart = '1') then
          game_state <= welcome;
        end if;
      when win =>
        result <= "00";
```

```vhdl
        if(restart = '1') then
          game_state <= welcome;
        end if;
      when others =>
    end case;
  end if;
end process;


build_Process:
process(ctrl_clk)        -- 处理玩家的建塔动作
begin
  if(rising_edge(ctrl_clk)) then
    if(game_state = runtime) then
      case b_state is
        when b0 =>
          if(num_of_towers < towers_limit) then
            if(build = '1') then
              if(m(y)(x) = "0000") then
                towers_x(num_of_towers) <= x;
                towers_y(num_of_towers) <= y;
                num_of_towers <= num_of_towers + 1;
              end if;
              b_state <= b1;
            end if;
          end if;
        when b1 =>
          if(build = '0') then
            b_state <= b0;
          end if;
      end case;
    else
      num_of_towers <= 0;
    end if;
  end if;
end process;


delayed_ctrl_clk <= not(not(not(not(ctrl_clk))));
modify_m_Process: -- 生成地图 Map(m)
process(delayed_ctrl_clk)
  variable monster_code_tmp: std_logic_vector(3 downto 0) := "0111";
begin
  if(rising_edge(delayed_ctrl_clk)) then
    m(0) <= ("0001", "0001", "0001", "0001", "0001", "0001", "0001", "0001", "0001",
"0001", "0001", "0001", "0001", "0001", "0001", "0001", "0001", "0001", "0001");
    m(1) <= ("0001", "0001", "0001", "0001", "0000", "0000", "0000", "0000", "0000",
"0000", "0000", "0000", "0000", "0000", "0000", "0000", "0001", "0001", "0001");
    m(2) <= ("1000", "0010", "0010", "0010", "0010", "0010", "0010", "0010", "0010",
"0010", "0010", "0010", "0010", "0010", "0010", "0000", "0001", "0001", "0001");
    m(3) <= ("0001", "0001", "0001", "0000", "0000", "0000", "0000", "0000", "0000",
"0000", "0000", "0000", "0000", "0000", "0000", "0010", "0000", "0001", "0001", "0001");
    m(4) <= ("0001", "0001", "0001", "0000", "0000", "0000", "0000", "0000", "0000",
"0000", "0000", "0000", "0000", "0000", "0000", "0010", "0000", "0001", "0001", "0001");
    m(5) <= ("0001", "0001", "0001", "0000", "0010", "0010", "0010", "0010", "0010",
"0010", "0010", "0010", "0000", "0000", "0010", "0000", "0001", "0001", "0001");
```

```
    m(6) <= ("0001", "0001", "0001", "0000", "0010", "0000", "0000", "0000", "0000",
"0000", "0000", "0000", "0010", "0000", "0000", "0010", "0000", "0001", "0001", "0001");
    m(7) <= ("0001", "0001", "0001", "0000", "0010", "0000", "0000", "0010", "0010",
"0010", "0010", "0010", "0010", "0000", "0000", "0010", "0000", "0001", "0001", "0001");
    m(8) <= ("0001", "0001", "0001", "0000", "0010", "0000", "0000", "0010", "0000",
"0000", "0000", "0000", "0000", "0000", "0000", "0010", "0000", "0001", "0001", "0001");
    m(9) <= ("0001", "0001", "0001", "0000", "0010", "0000", "0000", "0010", "0010",
"0010", "0010", "0010", "0010", "0010", "0010", "0010", "0000", "0001", "0001", "0001");
    m(10) <= ("0001", "0001", "0001", "0000", "0010", "0000", "0000", "0000", "0000",
"0000", "0000", "0000", "0000", "0000", "0000", "0000", "0000", "0001", "0001", "0001");
    m(11) <= ("0001", "0001", "0001", "0000", "0010", "0000", "0000", "0000", "0000",
"0000", "0000", "0000", "0000", "0000", "0000", "0000", "0000", "0001", "0001", "0001");
    m(12) <= ("0001", "0001", "0001", "0000", "0010", "0010", "0010", "0010", "0010",
"0010", "0010", "0010", "0010", "0010", "0010", "0010", "0010", "0010", "0010", "0110");
    m(13) <= ("0001", "0001", "0001", "0000", "0000", "0000", "0000", "0000", "0000",
"0000", "0000", "0000", "0000", "0000", "0000", "0001", "0001", "0001", "0001");
    m(14) <= ("0001", "0001", "0001", "0001", "0001", "0001", "0001", "0001", "0001",
"0001", "0001", "0001", "0001", "0001", "0001", "0001", "0001", "0001", "0001");
    if(game_state = welcome) then
        -- 初始化地图
        -- 0000: 墙
        -- 0010: 地面
    elsif(game_state = runtime) then
      show_tower_loop:
      for tower_i in 0 to LIMIT_OF_TOWERS - 1 loop
        if (tower_i < num_of_towers) then
          m(towers_y(tower_i))(towers_x(tower_i)) <= "0011";
        end if;
      end loop;

      show_monsters_loop:
      for mons_i in 0 to MONSTERS_PER_ITER - 1 loop
        if ((mons_i >= inf_num) and (mons_i - inf_num < num_of_monsters)) then
          if (life_value_per_iter(mons_i) > 0) then
            if (is_under_attack(mons_i) = '0') then
              monster_code_tmp := "0111";
            else -- fire for those under attack
              monster_code_tmp := "1000";
            end if;
            m(mons_per_iter_y(mons_i))(mons_per_iter_x(mons_i)) <= "0111";
          end if;
        end if;
      end loop;
    end if;
  end if;
end process;

dir_dx <= (1, 1, 1, 1, 1, 1, 1, 1, 1, 1, 1, 1, 1, 1, 1, 0, 0, 0, 0, 0, 0, 0, -1, -1, -1, -1,
-1, -1, -1, -1, 0, 0, 1, 1, 1, 1, 1, 0, 0, -1, -1, -1, -1, -1, -1, -1, -1, 0, 0, 0,
0, 0, 0, 0, 1, 1, 1, 1, 1, 1, 1, 1, 1, 1, 1, 1, 1, 1, 1, 1);
dir_dy <= (0, 0, 0, 0, 0, 0, 0, 0, 0, 0, 0, 0, 0, 0, 0, 1, 1, 1, 1, 1, 1, 1, 0, 0, 0, 0, 0, 0,
0, 0, -1, -1, 0, 0, 0, 0, 0, -1, -1, 0, 0, 0, 0, 0, 0, 0, 0, 1, 1, 1, 1, 1, 1, 1, 0, 0, 0, 0,
0, 0, 0, 0, 0, 0, 0, 0, 0, 0, 0, 0);
```

```vhdl
monsters_Process:  -- 生成怪物,并进行必要的维护处理
process(m_clk)
  variable iter_recog: integer range 0 to MONSTERS_PER_ITER : = 0;
  variable gap: integer range 0 to 3 : = 0;
  variable tmp_x: integer range - 20 to 20 : = 0;
  variable tmp_y: integer range - 15 to 15 : = 0;
  variable tmp_under_attack: std_logic : = '0';
  variable iter_gap: integer range 0 to 5 : = 0;
begin
  if (game_state = welcome) then
    hurts < = 0;
    it_state < = it0;
    towers_limit < = 10;
    life_value_per_iter < = (50, 50, 50, 50, 50, 50, 50, 50, 50, 50);
    num_of_monsters < = 0;
    inf_num < = MONSTERS_PER_ITER;
    cur_iter < = 0;
    iter_gap : = 0;
    ic_state < = ic0;
  elsif (game_state = runtime) then
    if (rising_edge(m_clk)) then
      -- 在某一回合中
      if (ic_state = ic0) then
        -- 存在一个向前移动的怪物
        mons_move_foward_loop:
        for mons_i in 0 to MONSTERS_PER_ITER - 1 loop
          if ((mons_i > = inf_num) and (mons_i - inf_num < num_of_monsters)) then
            -- 怪物到达终点
            if (ptr_array(mons_i) = ROUTE_LENGTH - 1) then
              if (life_value_per_iter(mons_i) > 0) then
                hurts < = hurts + 1;
              end if;
              if (num_of_monsters - 1 < = 0) then
                ic_state < = ic1;
              end if;
              num_of_monsters < = num_of_monsters - 1;
            else
              mons_per_iter_x(mons_i) < = mons_per_iter_x(mons_i) + dir_dx(ptr_array
(mons_i));
              mons_per_iter_y(mons_i) < = mons_per_iter_y(mons_i) + dir_dy(ptr_array
(mons_i));
            end if;
          end if;
        end loop;

        ptr_array_add_loop:
        for mons_j in 0 to MONSTERS_PER_ITER - 1 loop
          if ((mons_j > = inf_num) and (mons_j - inf_num < num_of_monsters)) then
            ptr_array(mons_j) < = ptr_array(mons_j) + 1;
          end if;
        end loop;

        -- 生成新的怪物
        if (it_state = it0) then
```

```
   if (gap = 0) then
      if (num_of_monsters < MONSTERS_PER_ITER) then
         mons_per_iter_x(inf_num - 1) <= 0;
         mons_per_iter_y(inf_num - 1) <= 2;
         ptr_array(inf_num - 1) <= 0;
         inf_num <= inf_num - 1;
         num_of_monsters <= num_of_monsters + 1;
      else
         it_state <= it1;
      end if;
   end if;
   if (gap >= 1) then
     gap := 0;
   else
     gap := gap + 1;
   end if;
end if;

-- 处理生命值
monster_to_attack_loop:
for mons_i in 0 to MONSTERS_PER_ITER - 1 loop
  tmp_under_attack := '0';
  if ((mons_i >= inf_num) and (mons_i - inf_num < num_of_monsters)) then

    for tower_i in 0 to LIMIT_OF_TOWERS - 1 loop
      if (tower_i < num_of_towers) then
        tmp_x := mons_per_iter_x(mons_i) - towers_x(tower_i);
        tmp_y := mons_per_iter_y(mons_i) - towers_y(tower_i);
        -- under attack
        if ((tmp_x >= -2) and (tmp_x <= 2) and (tmp_y >= -2) and (tmp_y <= 2))
then
          if (life_value_per_iter(mons_i) > 0) then
            life_value_per_iter(mons_i) <= life_value_per_iter(mons_i) - 1;
            tmp_under_attack := '1';
          end if;
        end if;
      end if;
    end loop;

  end if;
  is_under_attack(mons_i) <= tmp_under_attack;
end loop;
else          -- ic_state = ic1: 一个回合期间
  if (iter_gap >= 3) then
    it_state <= it0;
    if (cur_iter <= 0) then
      life_value_per_iter <= (30, 30, 40, 40, 45, 45, 50, 50, 50, 50);
    elsif (cur_iter <= 2) then
      life_value_per_iter <= (55, 55, 55, 55, 60, 60, 60, 60, 60, 60);
    elsif (cur_iter <= 4) then
      life_value_per_iter <= (60, 60, 60, 60, 65, 65, 65, 65, 70, 70);
    end if;
    if (towers_limit <= LIMIT_OF_TOWERS) then
      towers_limit <= towers_limit + 2;
```

```
                  end if;
                  num_of_monsters < =  0;
                  inf_num < =  MONSTERS_PER_ITER;
                  cur_iter < =  cur_iter  +  1;
                  iter_gap : =  0;
                  ic_state < =  ic0;
               end if;
               iter_gap : =  iter_gap  +  1;
             end if;
          end if;
       end if;
    end process;

  end map_ctrl;
```

第 9 章

武功四　星际迷航

9.1　江湖传言

这是一个使用硬件实现的冒险类 RPG 游戏。玩家扮演茫茫宇宙中的一位英勇的飞船驾驶员，一边躲避 Boss（敌人）的追捕，一边收集星空中"逃逸"的符文。

这个游戏的运行效果如图 9-1 所示。

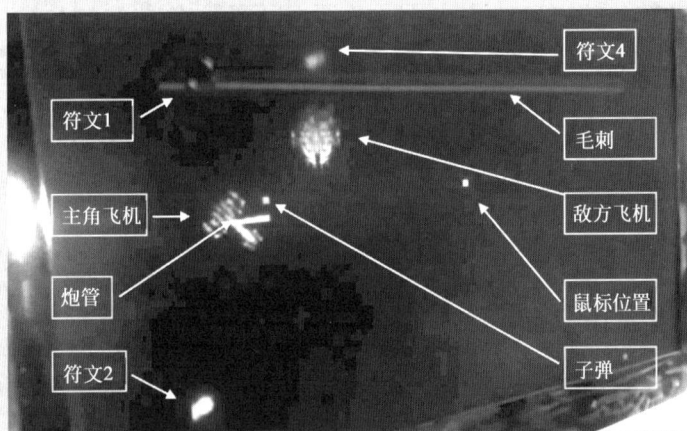

图 9-1　星际迷航

其中几个主要元素的运行规则如下。

1. 主角飞机

主角飞机有八个朝向，始终指向鼠标的方向。主角飞机以一定频率发射子弹，子弹飞行一段距离后会自动消失。玩家可以使用 W、S、A、D 键代表上、下、左、右来给飞机增加一个加速度。玩家右击时，主角飞机会向鼠标的方向跃进一段距离。

2. 敌方飞机

敌方飞机有一定的加速度和速度上限。其运行规则为每个时钟周期施加一个指向玩家的加速度。当敌方飞机与主角飞机相撞时游戏结束。

3. 符文

符文可能有多个,运行在游戏方框中。符文的运行规律与敌方飞机较为相似,区别在于符文的加速度方向与玩家所在的方向相反,而且只有当玩家飞机到达符文附近一定距离范围时才会触发其运动。

9.2 提纲挈领

各个模块分别放置于以模块名称为名字的单独的文件中。其中,GameProcedure 下的各文件放置于 gameprocedure 文件夹下,与 VGA 相关的文件放置于 VGAManager 文件夹下,如图 9-2 所示。

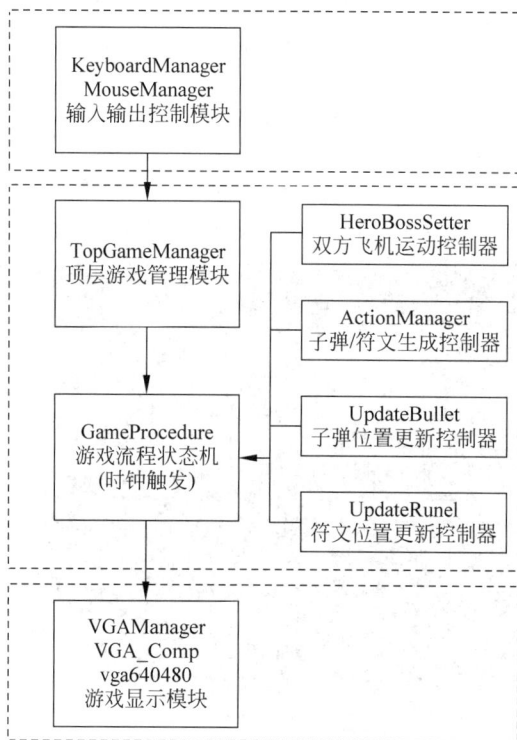

图 9-2 功能模块图

为了方便使用,VGAManager 作为 GameProcedure 的子模块直接连入,而 VGAManager 又经过了若干封装才连接到 VGA 端口上。

9.3 明确招式

1. 特色综述

此游戏的内部实现与多周期 CPU 的实现有异曲同工之妙。主要控制模块

GameProcedure 使用一个状态机来控制某个子模块工作,同时为该子模块分配 RAM 等资源。HeroBossSetter、ActionManager、UpdateBullet、UpdateRunel 等模块也使用状态机的思路来进行运算和控制。各个状态机之间通过 worken 信号来控制何时开始工作,用 end_w 信号来发送工作结束的消息。

2．模块解析

1）GameProcedure 模块

该模块的主要输入输出信号如图 9-3 所示。

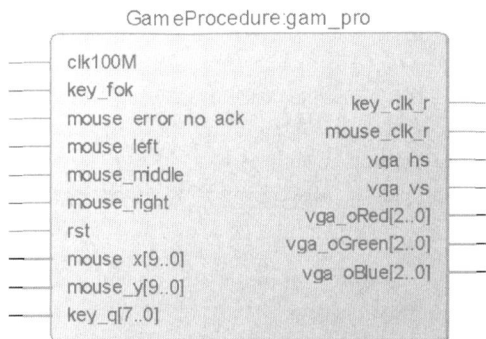

图 9-3　GameProcedure 模块的主要输入输出信号

该模块为一个状态机,循环控制各子模块依次进行计算,从而使游戏进行下去。其中主要的状态如图 9-4 所示。

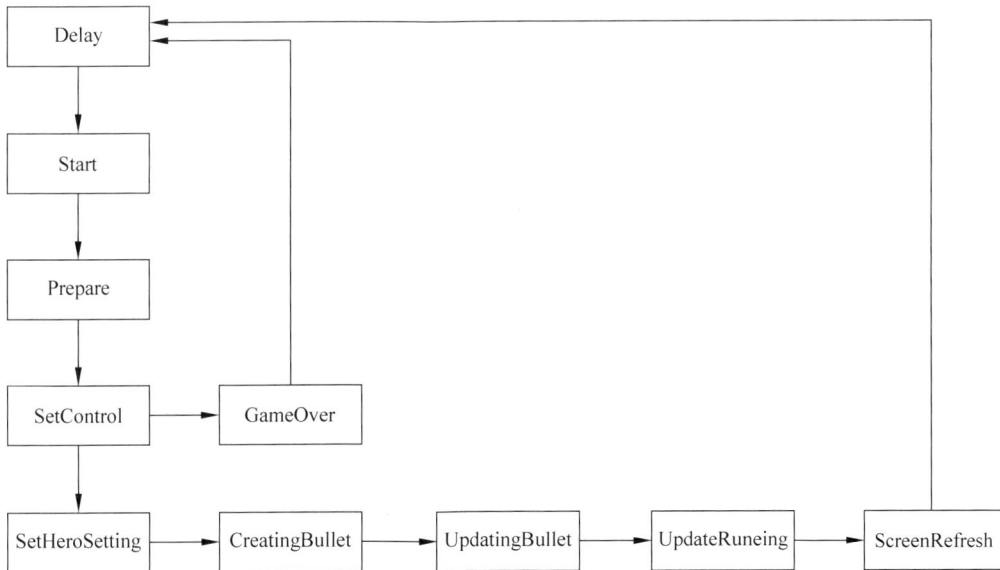

图 9-4　状态图

各状态分别调用相对应的子模块进行工作,待工作完成后再转移到下一状态。

下面节选了一段代码来具体说明该状态机的工作方式。

```
process (rst , WorkClk)
    begin
```

```vhdl
        if  rst = '0'  then
            -- Unimportant code
        elsif rising_edge(WorkClk) then
            case state is
            -- Unimportant code
            when CreatingBullet = >
                ActionManage_worken_in < = '0';
                if ActionManage_end_w_in = '0' then
                    state < = UpdatingBullet;
                    ActionManage_worken_in < = '1';
                end if;

            when UpdatingBullet = >
                update_bullet_worken_in < = '0';
                if update_bullet_end_w_in = '0' then
                    state < = UpdateRuneing;
                    update_bullet_worken_in < = '1';
                end if;
            -- when … …
            end case;
        end if;
    end process;
```

各模块使用 worken_in 信号来获取"开始工作"的指令。在工作完成后会发出 end_w 信号。主状态机由此获知该过程已经完成,随即进入下一个状态。

2）HeroBossSetter 模块

该模块的输入输出信号如图 9-5 所示。

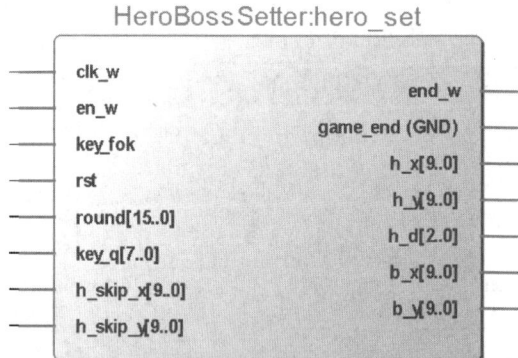

图 9-5　HeroBossSetter 模块的输入输出信号

此模块负责对玩家和 Boss 的位置进行更新,对应了 GameProcedure 中的 SetHeroSetting 状态。其状态图如图 9-6 所示。

该模块的主要设计思路是依次对主角和 Boss 的加速度、速度和位置进行计算和边界检查,然后进行碰撞检测。

其中,对于 Boss 的移动有一个简单的 AI,即给 Boss 施加一个朝向主角的加速度,同时对 Boss 的速度最大值进行了限制。这样做增加了游戏的可玩性。其代码实现如下:

```vhdl
process(rst , en_w , clk_w)
```

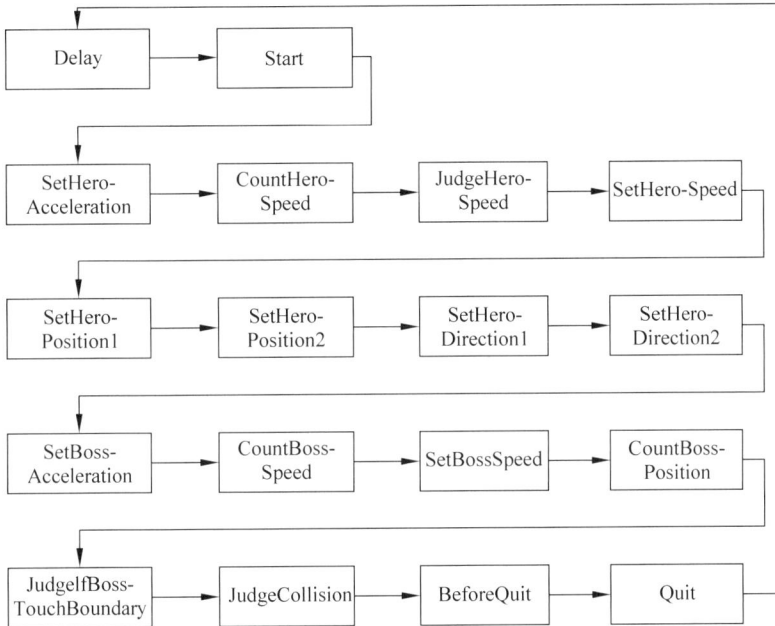

图 9-6 HeroBossSetter 模块状态图

```
begin
    if rst = '0' then
        -- unimportant code
    elsif rising_edge(clk_w) then
        case state is
        -- when … …
        when SetBossAcceleration =>
            if h_x_in > boss_deal_distance and (h_x_in - boss_deal_distance) > b_x_
in then
                b_acc_x_in <= "0000000001";
            elsif (h_x_in + boss_deal_distance) < b_x_in then
                b_acc_x_in <= "1111111111";
            else
                b_acc_x_in <= "0000000000";
            end if;

            if h_y_in > boss_deal_distance and (h_y_in - boss_deal_distance) > b_y_
in then
                b_acc_y_in <= "0000000001";
            elsif (h_y_in + boss_deal_distance) < b_y_in then
                b_acc_y_in <= "1111111111";
            else
                b_acc_y_in <= "0000000000";
            end if;
            state <= CountBossSpeed;
        when CountBossSpeed =>
            b_speed_x_in <= b_speed_x_in + b_acc_x_in;
            b_speed_y_in <= b_speed_y_in + b_acc_y_in;
            state <= SetbossSpeed;
        when SetBossSpeed =>
            if b_speed_x_in(9) = '1' then
```

```
                    if b_speed_x_in < boss_limit_speed_x_min then
                        b_speed_x_in <= boss_limit_speed_x_min;
                    end if;
                else
                    if b_speed_x_in > boss_limit_speed_x_max then
                        b_speed_x_in <= boss_limit_speed_x_max;
                    end if;
                end if;

                if b_speed_y_in(9) = '1' then
                    if b_speed_y_in < boss_limit_speed_y_min then
                        b_speed_y_in <= boss_limit_speed_y_min;
                    end if;
                else
                    if b_speed_y_in > boss_limit_speed_y_max then
                        b_speed_y_in <= boss_limit_speed_y_max;
                    end if;
                end if;
                state <= CountBossPosition;
            when CountBossPosition =>
                b_x_in <= b_speed_x_in + b_x_in;
                b_y_in <= b_speed_y_in + b_y_in;
                state <= JudgeIfBossTouchBondary;
            when JudgeIfBossTouchBondary =>
                if b_x_in < boundary and b_speed_x_in(9) = '1' then
                    b_speed_x_in <= ("1111111111" - b_speed_x_in + 1);
                elsif b_x_in > (window_width - boundary) and b_speed_x_in(9) = '0' then
                    b_speed_x_in <= ("1111111111" - b_speed_x_in + 1);
                end if;

                if b_y_in < boundary and b_speed_y_in(9) = '1' then
                    b_speed_y_in <= ("1111111111" - b_speed_y_in + 1);
                elsif b_y_in > (window_width - boundary) and b_speed_y_in(9) = '0' then
                    b_speed_y_in <= ("1111111111" - b_speed_y_in + 1);
                end if;

                state <= JudgeCollision;
                    end case;
            end if;
        end process;
```

3）ActionManager 模块

此模块与 GameProcedure 状态机中的 CreatingBullet 相对应。其主要输入输出信号如图 9-7 所示。

此模块主要功能有两个：一是对玩家的右击操作进行识别，并根据鼠标和主角的相对位置计算出下一次移动主角时的跳跃微量；二是创建一颗子弹并将它按照约定的格式保存到内存里。这两个功能也使用了状态机的方式分步进行。其状态图如图 9-8 所示。

其中，SetRam2 和 SetRam3 模块分别通过回跳实现了循环。SetRam1 到 SetRam2 是将一颗子弹的信息存进相邻的 8 个内存单元。SetRam3 回跳实现了生成多颗子弹。下面的代码片段是实现这些功能的关键部分。

```
process(rst , worken , clk_w)
```

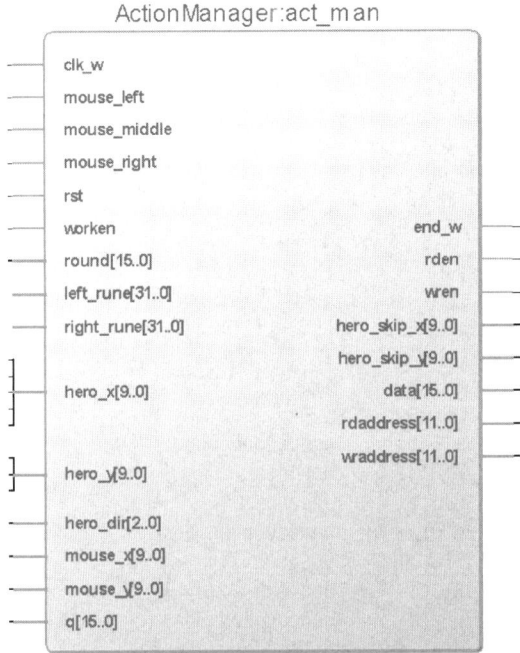

图 9-7　ActionManager 模块的输入输出信号

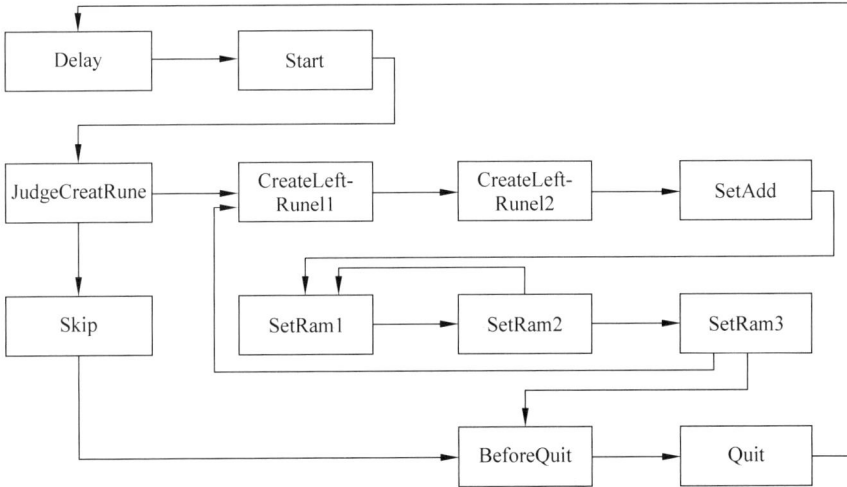

图 9-8　ActionManager 模块状态图

```
variable set_ram_count : integer: = 0;
    begin
        if rst = '0' then
            -- … …
        elsif rising_edge(clk_w) then
            case state is
            -- when … …
            when CreatLeftRune11 => -- creat a moving fire
                state_show < = "0100";
                if bullet_num = "0000" then
                    state < = BeforeQuit;
```

```
                    else
                        if hero_x < mouse_x then
                            bullet_speed_x <= bullet_left_1_max_speed_x;
                        else
                            bullet_speed_x <= bullet_left_1_min_speed_x;
                        end if;

                        if hero_y < mouse_y then
                            bullet_speed_y <= bullet_left_1_max_speed_y;
                        else
                            bullet_speed_y <= bullet_left_1_min_speed_y;
                        end if;
                    end if;
                    state <= CreatLeftRune12;
                when CreatLeftRune12 =>
                    bullet_info(0) <= "0000000000000011";
                    bullet_info(1) <= "000000" & hero_x;
                    bullet_info(2) <= "000000" & hero_y;
                    bullet_info(3) <= "0000000000000000";
                    bullet_info(4) <= "000000" & bullet_speed_x;
                    bullet_info(5) <= "000000" & bullet_speed_y;
                    bullet_info(6) <= "0000000000000000";
                    bullet_info(7) <= "0000000000000000";

                    bullet_num <= bullet_num - 1;
                    state <= SetAdd;

            when SetAdd =>
                    bullets_add_in <= bullets_add_in + 1;
                    if bullets_add_in > bullets_address_max or bullets_add_in < bullets_address_
    min then
                        bullets_add_in <= bullets_address_min;
                    end if;
                    state <= SetRam1;

            when SetRam1 =>
                    state_show <= "0110";
                    ram_wren_in <= '1';
                    ram_wraddress_in <= bullets_add_in & conv_std_logic_vector(set_ram_count , 3);
                    ram_data_in <= bullet_info(set_ram_count);
                    -- ram_data_in <= bullet_info((conv_integer((set_ram_count) & "0000"))
                    -- downto conv_integer(set_ram_count & "0000"));
                    state <= SetRam2;
            when SetRam2 =>
                    state_show <= "0111";
                    ram_wren_in <= '0';
                    if set_ram_count >= 7 then
                        state <= SetRam3;
                    else
                        set_ram_count := set_ram_count + 1;
                        state <= setRam1;
                    end if;
            when SetRam3 =>
                    ram_wren_in <= '1';
```

```
            if bullet_num > 0 then
                state <= temp_state;
            else
                state <= BeforeQuit;
            end if;
        end case;
    end if;
end process;
```

其中保存子弹信息的内存格式约定见表 9-1。

表 9-1　子弹信息的内存格式

bit	15～10	9～0
000	0	hp(生命值)
001	0	x(横坐标)
010	0	y(纵坐标)
011	0	id(物体类型编号)
100	0	vx(横向速度)
101	0	vy(纵向速度)
110	0	0
111	0	0

4) UpdateBullet 模块

此模块与 GameProcedure 状态机中的 UpdatingBullet 相对应。其功能为更新内存中子弹的位置信息。其输入输出信号如图 9-9 所示。

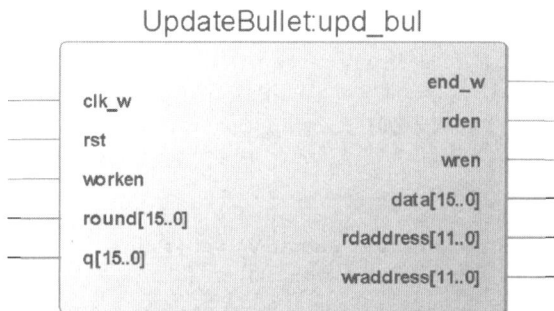

图 9-9　**UpdateBullet 模块的输入输出信号**

此模块的主要功能是使用循环对每个子弹的位置进行更新。其状态图如图 9-10 所示。对子弹进行更新的核心代码如下：

```
process(rst , worken , clk_w)
variable ram_count : integer:= 0;
    begin
        if rst = '0' then
            -- unimportant code
        elsif rising_edge(clk_w) then
            case state is
            -- when … …
            when SetInfo1 =>
                state_show <= "0110";
                    bullet_info(1)(9 downto 0) <= bullet_info(1)(9 downto 0) + bullet_
```

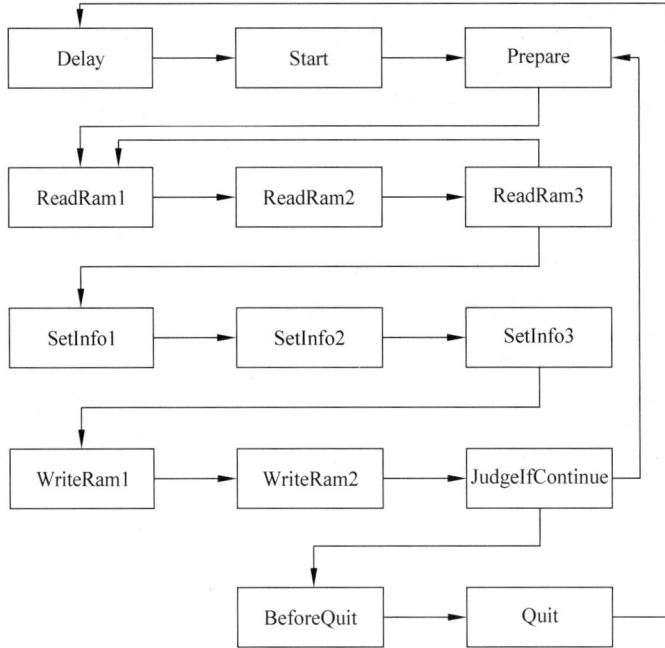

图 9-10 UpdateBullet 模块状态图

info(4)(9 downto 0);

bullet_info(2)(9 downto 0) <= bullet_info(2)(9 downto 0) + bullet_info(5)(9 downto 0);

state <= SetInfo2; -- modify

```
        when SetInfo2 =>
            state_show <= "0111";
            if bullet_info(1)(9 downto 0) > window_width - boundary  then
                bullet_info(0)(9 downto 0) <= (others =>'0');
                bullet_info(1)(9 downto 0) <= window_width - boundary;
            end if;
            if bullet_info(2)(9 downto 0) >= window_height - boundary  then
                bullet_info(0)(9 downto 0) <= (others =>'0');
                bullet_info(2)(9 downto 0) <= window_height - boundary;
            end if;
            if bullet_info(1)(9 downto 0) < boundary  then
                bullet_info(0)(9 downto 0) <= (others =>'0');
                bullet_info(1)(9 downto 0) <= boundary;
            end if;
            if bullet_info(2)(9 downto 0) < boundary  then
                bullet_info(0)(9 downto 0) <= (others =>'0');
                bullet_info(2)(9 downto 0) <= boundary;
            end if;
            ram_count : = 0;
            state <= SetInfo3;
        end case;
    end if;
end process;
```

5）UpdateRune 模块

此模块与 GameProcedure 状态机中的 UpdateRuneing 相对应。其功能为更新内存中子弹的位置信息。其输入输出信号如图 9-11 所示。

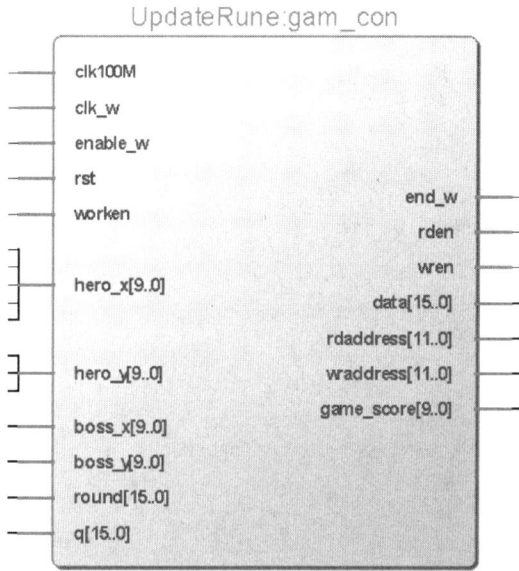

图 9-11　UpdateRune 模块的输入输出信号

其主要功能为从内存中读取符文信息,更新符文的位置,然后写回到内存中。其状态图如图 9-12 所示。

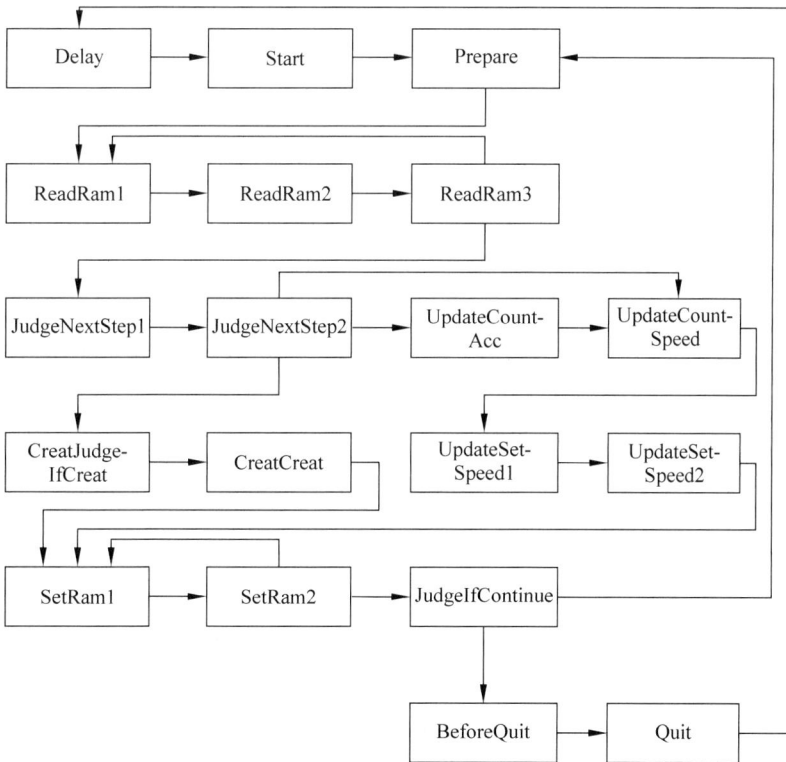

图 9-12　UpdateRune 模块状态图

符文的移动也有一个相应的简单 AI，与 boss 移动的思路较为类似。当主角与符文距离一定时，符文会被施加一个反方向的加速度从而逃离。有关代码如下：

```
process(rst , worken , clk_w)
variable ram_count : integer: = 0;
    begin
        if rst = '0' then
            -- unimportant code
        elsif rising_edge(clk_w) then
            case state is
            -- when ……
            when UpdateCountAcc = >
                state_show < = "0111";
                if plane_info(1)(9 downto 0) > plane_deal_distance and (plane_info(1)(9
downto 0) - plane_deal_distance) > hero_x then
                        plane_acc_x_in < = "0000000001";
                elsif plane_info(1)(9 downto 0) + plane_deal_distance < hero_x then
                        plane_acc_x_in < = "1111111111";
                else
                    plane_acc_x_in < = (others = > '0');
                end if;
                if plane_info(2)(9 downto 0) > plane_deal_distance and (plane_info(2)(9
downto 0) - plane_deal_distance) > hero_y then
                        plane_acc_y_in < = "0000000001";
                elsif plane_info(2)(9 downto 0) + plane_deal_distance < hero_y then
                        plane_acc_y_in < = "1111111111";
                else
                    plane_acc_y_in < = (others = > '0');
                end if;
                state < = UpdateCountSpeed;
            end case;
        end if;
    end process;
```

6）VGAManager 模块

此模块与 GameProcedure 状态机中的 ScreenRefresh 相对应。其功能是把所有对象都绘制到屏幕上。其输入输出信号如图 9-13 所示。

其内部连接了 VGA_Comp 模块来进行具体的绘制工作。

VGAManager 模块的主要功能是从内存中将各对象的信息读出来，将它们的位置存到寄存器中供 VGA_Comp 模块使用。

VGAManager 也使用了状态机的实现方式来进行内存的读写。其状态图如图 9-14 所示。

读入的数据存储在以 s_herobull、s_bossbull、s_enemy 为前缀的若干个寄存器数组中，然后传入 VGA_Comp 模块进行进一步比较和处理。

VGA_Comp 模块的输入输出为主角和 boss 的位置，子弹和符文的位置数组。输出为 hs、vs、r、g、b，即某个像素的颜色。

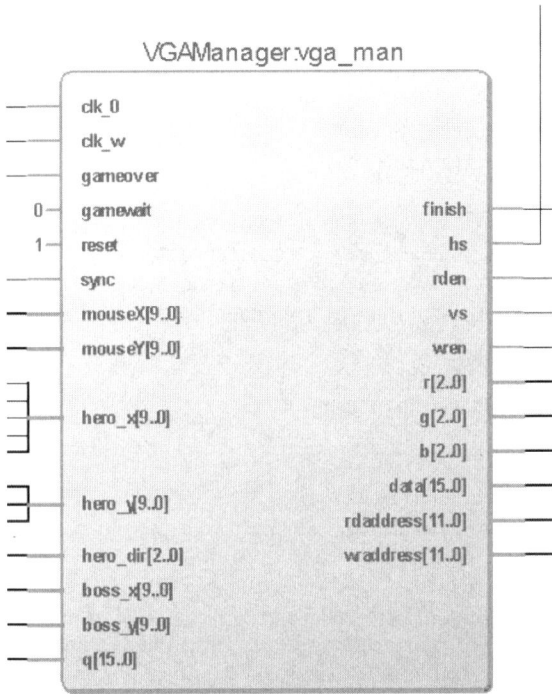

图 9-13　VGAManager 模块的输入输出信号

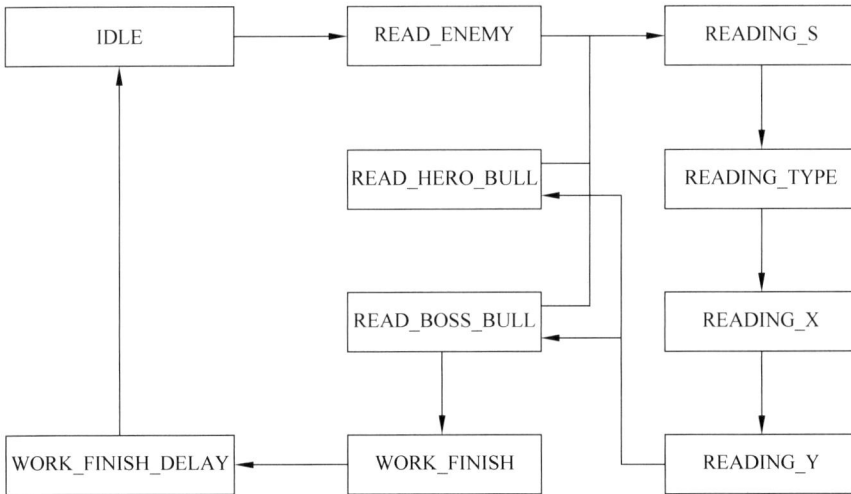

图 9-14　VGAManager 模块状态图

```
entity VGA_Comp is
port(
-- System
clk_0: in std_logic;       -- 100MHz
reset: in std_logic;       -- Reset the screen
hs,vs: out std_logic;
r,g,b: out std_logic_vector(2 downto 0);

-- Parameters
```

```
-- Status
gamewait: in std_logic;
gameover: in std_logic;
-- Mouse
mouseX: in std_logic_vector(9 downto 0);
mouseY: in std_logic_vector(9 downto 0);

-- Hero
heroX: in std_logic_vector(9 downto 0) : = "0101000000";
heroY: in std_logic_vector(9 downto 0) : = "0011110000";
heroDir: in std_logic_vector(2 downto 0) : = "000";
herobullX: in matrix_bull_pos;
herobullY: in matrix_bull_pos;
herobull_type:in std_logic_vector(3 downto 0);

-- Boss
bossX: in std_logic_vector(9 downto 0);
bossY: in std_logic_vector(9 downto 0);
bossbullX: in matrix_bull_pos;
bossbullY: in matrix_bull_pos;
bossbull_type: in std_logic_vector(3 downto 0);

-- Enemy
enemyX: in matrix_enemy_pos;
enemyY: in matrix_enemy_pos;
enemy_type: in matrix_enemy_type
);
end VGA_Comp;

architecture bhv of VGA_Comp is
```

该模块内部使用了若干 process 来并行判断此像素是否属于某个物体,然后使用一个串行的判断来进行层次处理。

一个判断像素是否为鼠标的例子如下。

```
------------------------ Mouse ----------------------------------
process (clk_0)
begin
    mouse_ok < = '0';
    if (mouseX < = s_x + 3 and s_x < = mouseX + 3 and mouseY < = s_y + 3 and s_y < = mouseY +
3) then
        isMousePixel : = '1';
    else
        isMousePixel : = '0';
    end if;
    mouse_ok < = '1';
end process;
```

它将“是鼠标”这个信息表示为 isMousePixel 寄存器的高电平。然后在另一个 process 里面对其进行判断,从而显示出该像素最上层的颜色。其代码如下:

```
process (clk_0)
begin
    if (isBorderPixel = '1' and border_ok = '1') then
```

```
            q_vga <= "0111111111";      -- Border
        end if;
    if (isMousePixel = '1' and mouse_ok = '1') then
            q_vga <= "0111111111";      -- Mouse
    elsif (gameover = '1') then
        if (isGameOverPixel = '1') then
            q_vga <= "0111000000";
        else
            q_vga <= "0000001001";
        end if;
    elsif (isGunPixel = '1' and gun_ok = '1') then
        q_vga <= "0111100001";      -- Machine gun
    elsif (isHeroPixel = '1' and hero_ok = '1') then
        q_vga <= q_hero_calc;       -- Hero
    elsif (isBossPixel = '1' and boss_ok = '1') then
        q_vga <= q_boss_calc;       -- Boss
    elsif (isEnemyPixel = '1' and enemy_ok = '1') then
        q_vga <= q_enemy_calc;       -- Enemy
    elsif (isHerobullPixel = '1' and herobull_ok = '1') then
        q_vga <= "0100100111";
    elsif (isBossbullPixel = '1' and bossbull_ok = '1') then
        q_vga <= "0111100100";
    else
        q_vga <= "0000000000";
    end if;
end process;
```

至此这个游戏完成了从输入判定到逻辑处理、再到 VGA 显示的全部过程。

🔑 9.4　牛刀小试

1. 顶层接口

顶层接口见表 9-2。

表 9-2　顶层接口功能介绍

输　入　接　口	类　　型	功　　能
seg0,seg1, seg2, seg3, seg4, seg5, seg6, seg77	std_logic(6 downto 0)	七段数码管输出
clk100M	std_logic	100MHz 时钟信号
rst	std_logic	硬件重置信号
mouse_clk	std_logic	PS/2 鼠标输入控制信号
mouse_data	std_logic	PS/2 鼠标输入数据信号
key_clk	std_logic	PS/2 键盘输入控制信号
key_data	std_logic	PS/2 键盘输入数据信号
vga_hs, vga_vs	std_logic	VGA 行/列同步信号
vga_oRed	std_logic(2 downto 0)	VGA 红色输出信号
vga_oGreen	std_logic(2 downto 0)	VGA 绿色输出信号
vga_oBlue	std_logic(2 downto 0)	VGA 蓝色输出信号

2．源码解析

1）TopGameManager 模块

此模块为顶层接线模块，将控制游戏逻辑的 GameProcedure 模块和 KeyboardManager/MouseManager 接起来，实现游戏从输入到逻辑和输出的功能。

本游戏使用到的外部接口有以下几个：

- PS/2 键盘鼠标；
- SRAM 内存；
- VGA 显示；
- SEG7 七段数码管（调试用）；
- 100MHz 时钟。

2）随机数生成器模块

此游戏中许多生成的地方都需要使用随机数来给游戏增添乐趣。随机数生成有许多种方法，而此游戏中使用了时钟与非线性递推式结合的方法来生成随机数。具体代码如下：

```
entity RandomNumber is
port(
-- basic
    clkin : in std_logic;
    rst : in std_logic;
    num : out std_logic_vector(15 downto 0)  -- random number
);
end entity;

architecture struc of RandomNumber is
signal seed : std_logic_vector(15 downto 0) : = "0000000000000000";
begin
    num < = seed;
    process(clkin, rst)
    begin
        if (rst = '0') then
            seed < = "0000000000000000";
        elsif (rising_edge(clkin)) then
            seed < =
            shl(seed, "110") + shl(seed, "101") + shl(seed, "100") +
            shl(seed, "11") + shl(seed, "1") + seed + 59;
        end if;
    end process;
end struc;
```

3）digital ROM 模块

游戏中需要显示一些图形，而将图形直接硬编码在 FPGA 上是一种十分不优美的做法。Quartus 提供了 digital ROM 的解决方案，将 MIF 格式的图像直接由 Quartus 处理存储在内存中，通过调用 digital_rom 模块直接得到需要使用的像素的 RGB 值，从而极大地方便了与图形有关的编程。

其基本定义的代码如下:

```
ENTITY digital_rom IS
    PORT
    (
        address : IN STD_LOGIC_VECTOR (15 DOWNTO 0);
        clock : IN STD_LOGIC   : = '1';
        q : OUT STD_LOGIC_VECTOR (9 DOWNTO 0)
    );
END digital_rom;
```

第三篇

内功修炼篇——存储器

第 10 章

武功五 外部存储——SD卡

10.1 江湖传言

江湖有言,掌握了 SD 外部存储卡的使用,就能够做出基本的音频播放器和图像显示器。

本案例的目标如下。

(1) 实现基本的 SD 卡读取功能,能从 SD 卡中读取二进制的流。

(2) 能从 SD 卡中识别并读取规定好文件名的文件并做读操作。

(3) 建立基本的文件系统,可从 SD 卡中加载音频文件和图像像素信息。

10.2 提纲挈领

首先要明确总体结构,还是从"输入控制"→"逻辑与状态控制"→"输出反馈"的基本框架出发。此处的逻辑与状态控制,不仅牵涉内部 SRAM 的管理,而且包括了外部 SD 卡的管理。整体架构如图 10-1 所示。

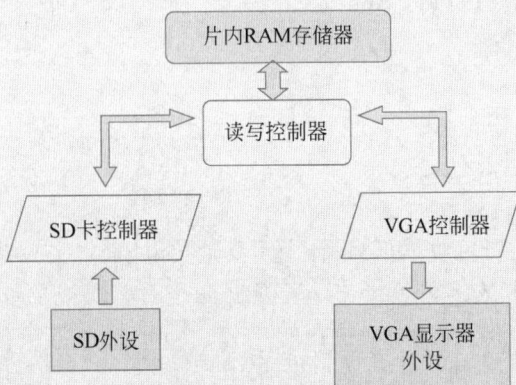

图 10-1 整体架构

10.3 明确招式

一门武功一般由招式和口诀组成,二者缺一不可。数字逻辑江湖里的武功,招式尤指实验所用到的基础知识,而口诀则是实验中遇到的问题及解决办法。在运用总纲得出了武功整体设计后,通过明确招式,确定分模块的具体功能实现与状态机细化。

1. SD 卡控制

SD 卡的控制是本实验的一大技术难点。

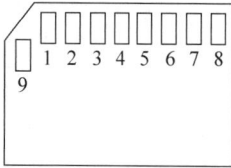

SD 卡(secure digital memory card)是一种为满足安全性、容量、性能和使用环境等各方面的需求而设计的一种新型存储器件,SD 卡允许在两种模式下工作,即 SD 模式和 SPI 模式,本系统采用 SPI 模式。SD 卡分为标准容量的 SDSC 卡(容量小于或等于 2GB)、大容量的 SDHC 卡(容量为 2~32GB)以及更大容量的 SDXC 卡(容量为 32GB~2TB)。SD 卡引脚示意图如图 10-2 所示,引脚定义如表 10-1 所示。

图 10-2 SD 卡引脚示意图

表 10-1 SD 卡引脚功能对照表

引 脚 号	引 脚 名 称	功能(SD 模式)	功能(SPI 模式)
1	DAT3/CS	数据线 3	片选
2	CMD/DI	命令传输线	主出从入(MOSI)
3	VSS1	电源地	电源地
4	VDD	电源	电源
5	CLK	时钟	时钟(SCK)
6	VSS2	电源地	电源地
7	DAT0/DO	数据线 0	主入从出(MISO)
8	DAT1/IRQ	数据线 1	保留
9	DAT2/NC	数据线 2	保留

SPI 是一种同步串行总线,它根据时钟相位、锁存数据的时机可以分为 4 种模式。SD 卡支持的是模式 0,即时钟上升沿锁存数据,下降沿发送数据。此外,SPI 收发数据时,最高有效位(MSB)先被处理。

SPI 使用以下 4 条数据线:
- SCLK 时钟,由主机产生;
- SS 或 CS,从机选择,一般是低有效;
- MOSI 或 DI,主机发送,从机接收;
- MISO 或 DO,从机发送,主机接收,电路设计中需要上拉电阻(本实验系统已设计)。

SD 卡以命令形式来控制 SD 卡的读写等操作。可根据命令对多块或单块进行读写操作。在 SPI 模式下其命令由 6 字节构成,其中高位在前。

在 SPI 模式下,发送命令使 SD 卡初始化的流程如图 10-3 所示。

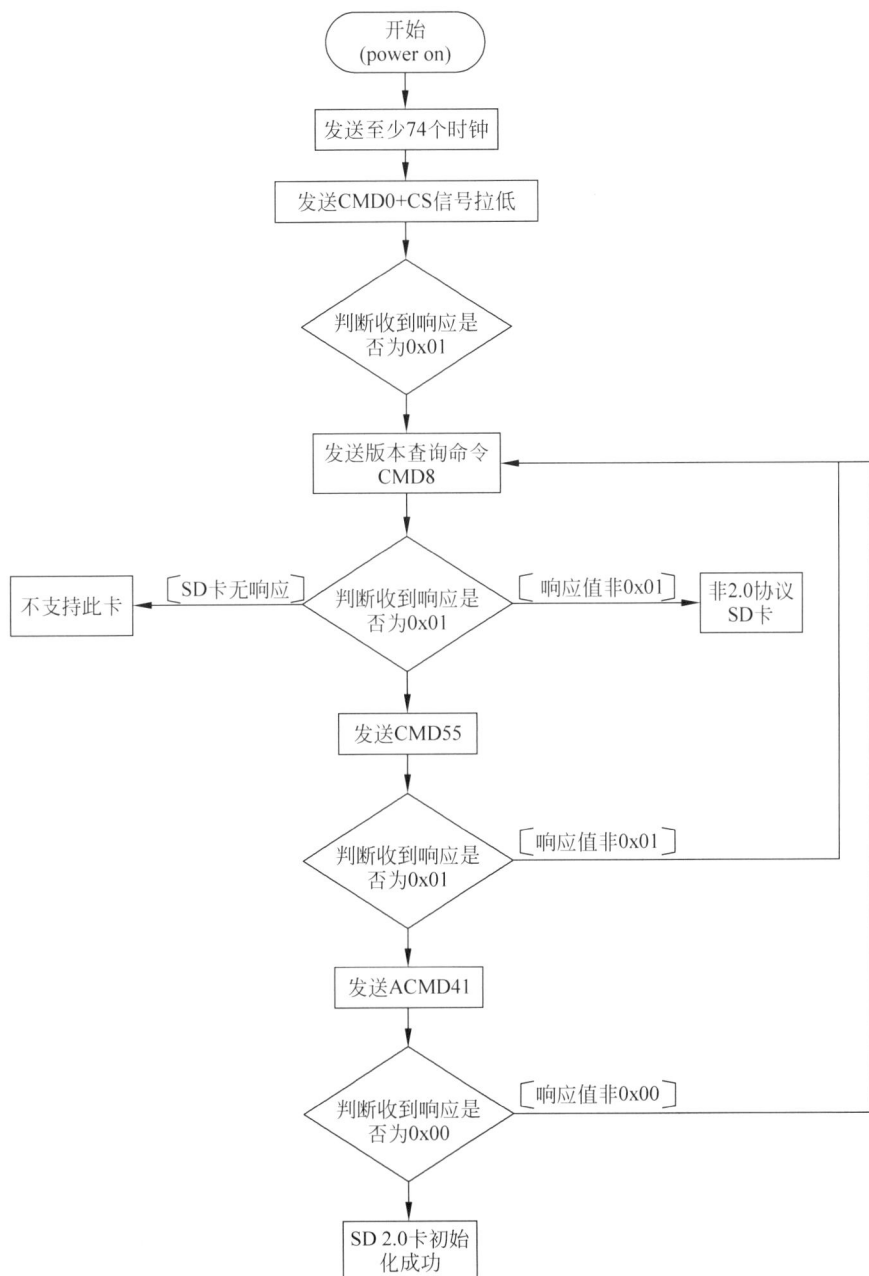

图 10-3 SD 卡初始化流程

1）power on（上电）过程

最开始的上电过程需要等待 1ms，等到 SD 卡电压达到所需电压，然后在 CS 拉高的情况下，SCLK 产生至少 74 个时钟周期，用于 SD 卡上电初始化。接下去才可以进行 CMD 命令的发送。

在所有的指令中，唯独 CMD0 特殊，在向 SD 卡发送之前需要向 SD 卡发送至少 74 个时钟。因为在上电初期，经过电压的上升过程（据 SD 卡组织的计算约为 64 个 CLK 周期）才能达到 SD 卡的正常工作电压，这段时间叫做 Supplyrampuptime，其后的 10 个 CLK 是为了与 SD 卡同步,之后开始 CMD0 的操作。关于 SD 卡的 SPI 总线,在读入数据时 SD 卡的 SPI 是 CLK 的上升沿输入锁存,输出数据也是在上升沿。

2) CMD 的初始化

接下来,需要发送第一个命令 CMD0,CS 为低电平,SD 卡进入 SPI 模式。CMD0 命令没有参数,CMD0 的应答为 R1 格式,收到应答为 0x01。

CMD 命令与应答规则如下:向 SD 卡写入一个 CMD 或者 ACMD 指令时,首先使 CS 为低电平,SD 卡使能;其次在 SD 卡的 D_{in} 写入指令;写入指令后还要附加 8 个填充时钟,以保证 SD 卡完成内部操作;之后在 SD 卡的 D_{out} 上接收响应。CMD 的具体格式如表 10-2 所示。

表 10-2　CMD 命令格式

bit 位置	47	46	[45:40]	[39:8]	[7:1]	0
位宽	1	1	6	32	7	1
值	0	1	X	X	X	1
描述	起始位	传输位	命令索引	参数	CRC7	结束位

常用 CMD 命令如表 10-3 所示。

表 10-3　常用 CMD 命令

命　　令	说　　明
CMD0	上电后初始化
CMD8	检查电压情况,识别 SD 卡版本
CMD55	所有 ACMD 的前序命令
ACMD41	进行初始化并确认是否已经初始化
CMD58	读取 OCR 寄存器内容
CMD16	设置块长度
CMD17	读取单个块

在发送 CMD 之后,需要等待几个时钟周期,直到响应到来,表现为 MISO 被拉低(之前被上拉电阻或 SD 卡拉高)。然后,即可根据之前发送的 CMD 类型,接收不同长度的响应。本模块使用的命令对应的响应有三种:1 字节的 R1、5 字节的 R3 和 5 字节的 R7,一般命令的响应为 R1。

3) SD 卡版本确认

SD 卡发送复位命令 CMD0 后,为了区别此 SD 卡是 SD 1.0、SD 2.0 或者 MMC 卡,要发送版本查询命令 CMD8,以便初始化为 SDHC 卡。如果 SD 卡无响应,则说明此 SD 卡无法正常工作;如果应答为 0x01,则说明 SD 卡支持 CMD8 命令且 SD 卡为 2.0 版本;如果返回其他值,则说明 SD 卡为 1.0 或者 MMC 卡。本例使用的是 2.0 版本,因此响应值应为 0x01。

4) 初始化完成

如果为 SD2.0 版本,继续循环发送 CMD55＋ACMD41,根据响应可以判断 SD 卡是否处于初始化阶段还是初始化已完成,如果 R1 响应的 bit0 为 1(即 0x01),表示 SD 卡还处于初始化阶段,如响应返回 0x00,表示 SD 卡已经完成初始化过程。

5）设置读写 block 大小

成功初始化之后，可以开始进行读扇区操作。为了确保每次读操作是读取恰好一个扇区，在读之前可以发送 CMD16 命令，设置块大小为一个扇区的大小，即 512 字节。事实上只有 SDSC 卡需要这个命令，SDHC 或 SDXC 卡读操作块的大小固定为 512 字节。

至此，SD 卡的初始化过程全部结束。

为了方便使用 SD 卡中的数据，需要读取 SD 卡中的文件流后将其写入 RAM，在实现过程中核心是 SD 卡的读操作。如果 SD 卡为 SDHC 或 SDXC，则按照块（或扇区）寻址（从 0 开始），每块大小为 512 字节，发送 CMD17＋地址，SD 卡回应 0x00，然后是 0xFE，紧接着是 512 字节的数据。一次读操作的流程如图 10-4 所示。

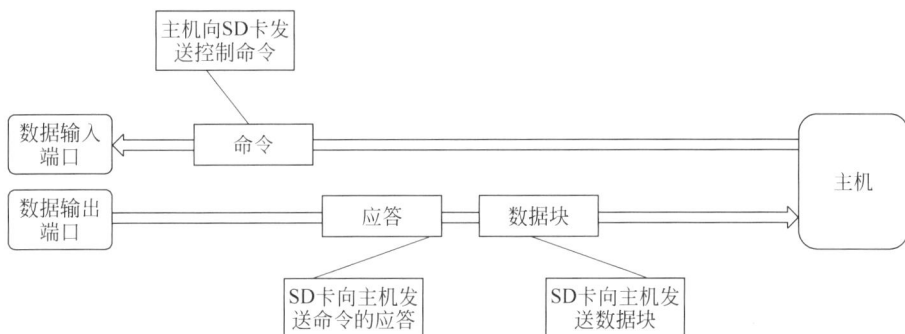

图 10-4　SD 卡读操作流程图

因为 SD 卡一次读取命令会把一个完整扇区数据（512 字节）连续读取出来。构造的 RAM 地址为 16 384/512＝32，也就是说，会把 SD 卡内的图片所在扇区及其后面的 31 个扇区全部存储到 RAM 中，再从 RAM 中读取需要的数据。

目前市场主流的存储卡都是 microSD 卡，因此本例所选择的方式为 microSD 卡与 micro 读卡器的组合，组合后的读写控制与标准 SD 卡无异，如图 10-5 所示。

图 10-5　microSD 卡与读卡器的组合

2. 片内 RAM 控制

要实现从 SD 卡中读取图片，并将图片在 VGA 显示器中显示，就需要先将读取的图片数据存储到缓存中，再从缓存输出给显示器。这里选择 FPGA 自带的单端口 RAM 作为缓存器。如果需要显示的图片较大，则选择片外的 SRAM 作为显示缓存，它们实现的控制原理基本是一致的。

1）RAM 设置

实验验证选择的图片像素大小为 100×100，每个像素由 8bit 的 RGB 数据构成。因此这里选择的缓存数据宽度为 8bit，图片由 10 000 个像素构成，因此需要 10 000 个地址空间来存储图片数据。由于 RAM 地址空间设置为 2 的 N 次幂，这里选择最接近 10 000 的16 384 作为 RAM 地址空间的大小，具体设置如图 10-6 所示。

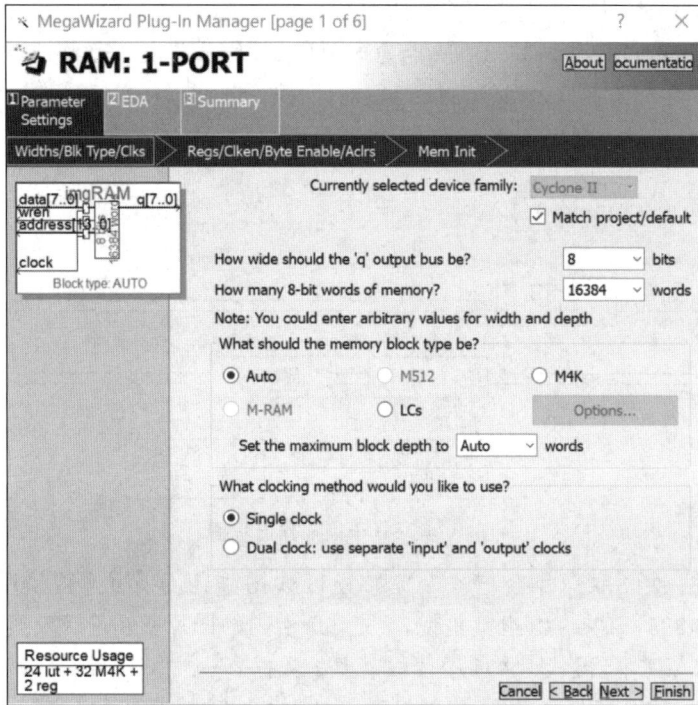

图 10-6　FPGA 片内的 RAM 设置

2）读写控制

生成的 RAM 包含以下 5 个端口。

Address　：　输入或者输出，读取存储器中对应地址的数据；

clock　：　RAM 时钟信号；

data　：　需要写到 RAM 中的外部数据；

wren　：　读写使能。当高电平时为写 RAM，低电平为读 RAM；

q　：　RAM 输出数据端口。

读：将使能信号（wren）保持低电平，给定地址（address）后读取数据线（data）即可。

写：给定数据（data）和地址（address），将 wren 从 0 变为 1，在上升沿时 RAM 将执行写操作。

3. VGA 控制模块

VGA 控制模块用来将接收到的数据输出到显示器。本例将显示器分辨率设置为 640×480，扫描时钟频率为 25MHz。通过 VGA 控制模块，将 RAM 中指定地址的数据（一幅图片）显示在屏幕上。由于片内 RAM 空间有限，因此选择显示的图片为 100×100 像素，RGB

三通道颜色位宽为 8bit,RGB 比例为 R∶G∶B＝3∶3∶2。

4. 文件系统

我们规定了存储在 SD 卡中的图片格式,存储方式为 BIN 格式的图像二进制数据文件。

1) 文件制作方法

推荐选择一幅 BMP 格式的图片,如果是其他格式,可以通过 Windows 10 画图工具将图片另存为 BMP 格式。图片大小调整为 100×100 像素,设置方式如图 10-7 所示。

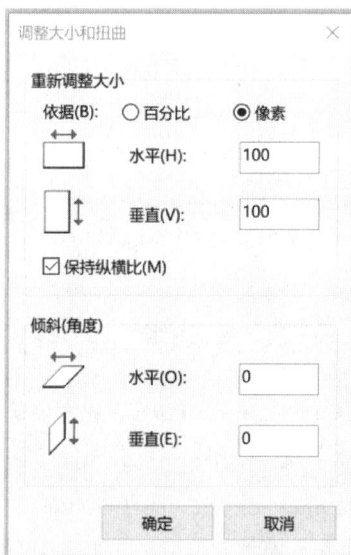

图 10-7 图片像素设置

得到的图片格式如图 10-8 所示。

图 10-8 图片格式信息

由于图片的位深度是 24 位,而我们需要的是 8 位,因此还需要进一步将图片转换为 8 位深。同时,要将图片以二进制形式存储到 SD 卡,还要将图片转换成为 BIN 文件类型。要把位图转换为 BIN 格式的数据文件,建议使用 Image2Icd 软件打开位图文件,进行如图 10-9 所示的设置,将位图转换为 8 位数据(红:3bit;绿:3bit;蓝:2bit),设置完后保存为 BIN 文件即可。本例中使用的硬件设备的 R、G、B 三通道各为 3bit,因此 B 通道最高位补 0,这样显示的图片颜色可能不准确,但是可以把 SD 卡内的图片完整显示出来。

2) 获取图片文件在 SD 卡中的信息

通过读卡器将 SD 卡连接到电脑,格式化 SD 卡,再将上一步中得到的 BIN 文件复制到

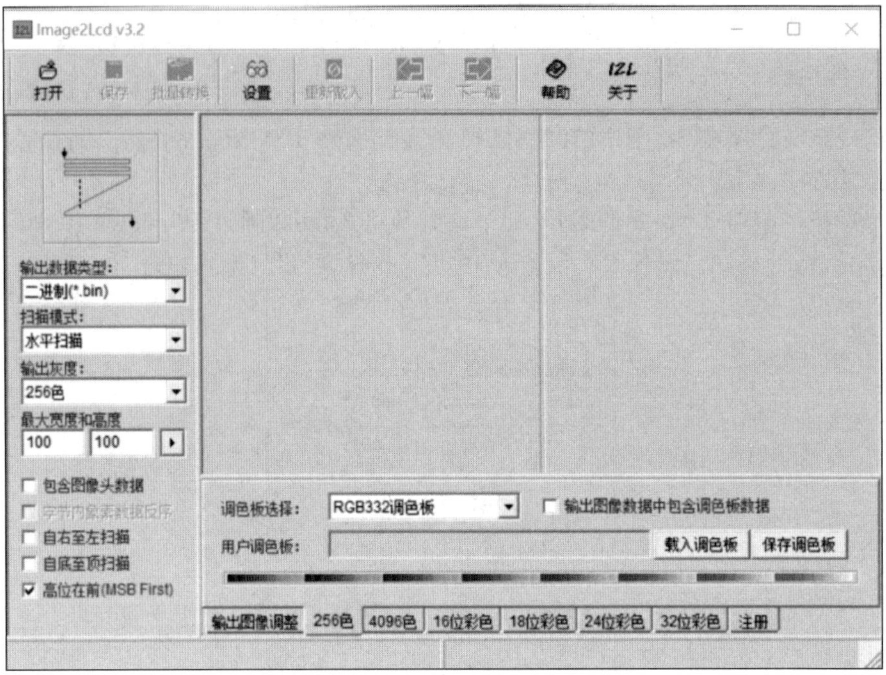

图 10-9　Image2Lcd 图片格式设置

SD 卡的根目录中。用 winhex 工具查看 BIN 文件在 SD 卡中的 sec 地址,写入读 SD 卡程序中即可。本例中图片(Tsinghua.bin)所在 SD 卡的物理扇区地址为 34848,这里一定注意使用的是物理扇区地址,而非逻辑扇区地址,扇区信息如图 10-10 所示。

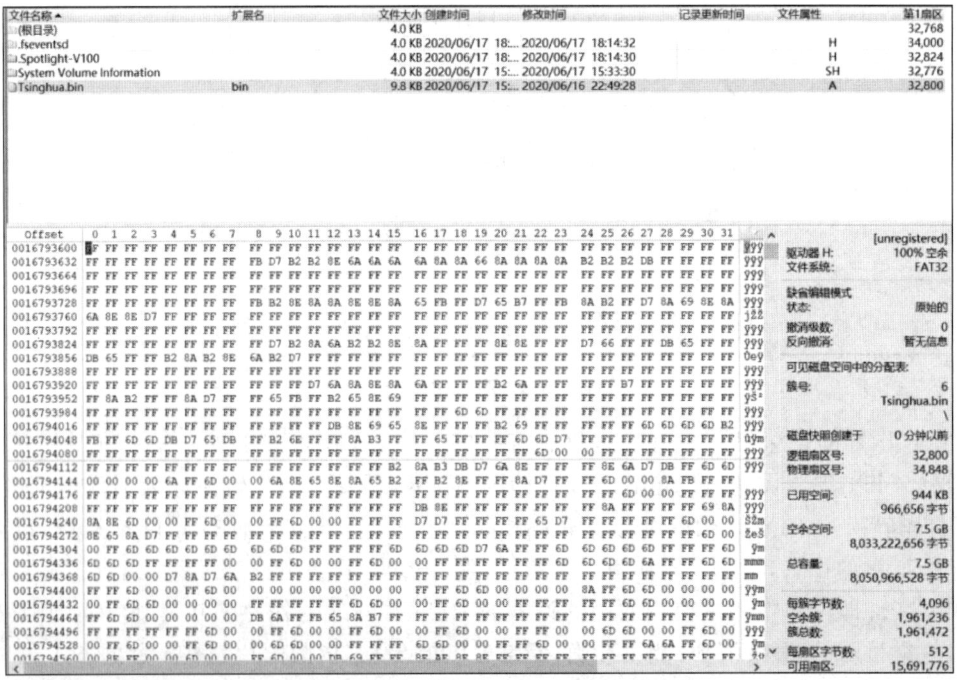

图 10-10　winhex 读取的图片扇区信息

参考的整体代码结构框架如图 10-11 所示。

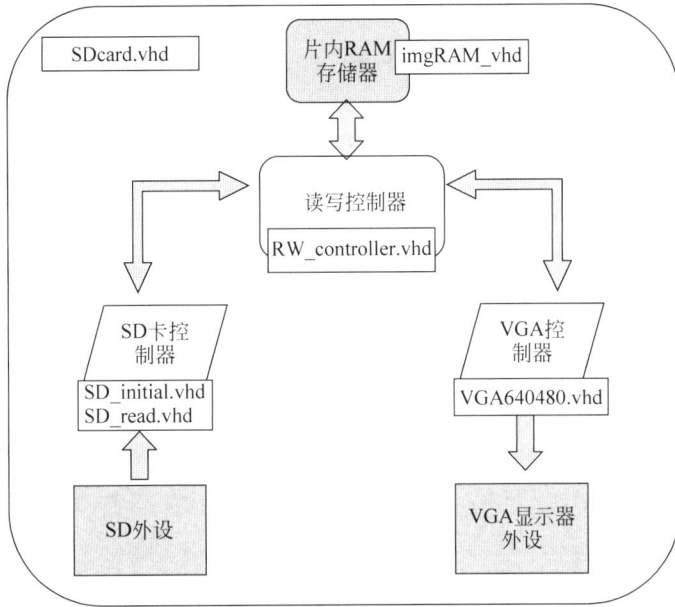

图 10-11 代码结构框架

本章只对最关键的 SD 卡控制代码进行演示和注释。

5. SD 卡初始化模块

```
LIBRARY ieee;
USE ieee.std_logic_1164.all;
USE ieee.std_logic_unsigned.all;

-- 初始化模块,流程是固定的,顶层调用的时候绑定各个引脚就好
-- 注意事项:
-- 1.顶层调用的时候注意根据 init_o 的情况选择使用 SD_initial 或
-- SD_read 的 SD_datain。SD_cs 同理
-- 2.注意 SD_clk 的值,一般取 25MHz
ENTITY SD_initial IS
    PORT (
        rst_n : IN STD_LOGIC;            -- reset 信号
        SD_clk : IN STD_LOGIC;           -- 时钟信号
        SD_cs : OUT STD_LOGIC;           -- 片选信号
        SD_datain : OUT STD_LOGIC;       -- SD 卡的数据输入
        SD_dataout : IN STD_LOGIC;       -- SD 卡的数据输出
        init_o : OUT STD_LOGIC           -- 用于标识 SD 卡初始化是否完毕,该信号为 0
                                         -- 时表示尚未完成初始化,为 1 表示已完成初始化
    );
END SD_initial;

ARCHITECTURE trans OF SD_initial IS
    -- 初始化过程中需要发给 SD 卡的指令
    SIGNAL CMD0 : STD_LOGIC_VECTOR(47 DOWNTO 0) : = ("01000000" & "00000000" & "00000000" &
"00000000" & "00000000" & "10010101");
    SIGNAL CMD8 : STD_LOGIC_VECTOR(47 DOWNTO 0) : = ("01001000" & "00000000" & "00000000" &
```

```vhdl
"00000001" & "10101010" & "10000111");
    SIGNAL CMD55 : STD_LOGIC_VECTOR(47 DOWNTO 0) := ("01110111" & "00000000" & "00000000" &
"00000000" & "00000000" & "11111111");
    SIGNAL ACMD41 : STD_LOGIC_VECTOR(47 DOWNTO 0) := ("01101001" & "01000000" & "00000000" &
"00000000" & "00000000" & "11111111");
    SIGNAL counter : INTEGER := 0;
    SIGNAL reset : STD_LOGIC := '1';

    SIGNAL cnt : INTEGER;

    SIGNAL aa : INTEGER;
     SIGNAL rx : STD_LOGIC_VECTOR(47 DOWNTO 0); -- 存储 SD 卡所回复的内容
    SIGNAL rx_valid : STD_LOGIC;                 -- 标识所接收到内容是否有效
    SIGNAL en : STD_LOGIC;                       -- 输入使能

     -- 用于标识当前状态
    TYPE state IS (idle, send_cmd0, wait_01, waitb, send_cmd8, waita, send_cmd55, send_acmd41,
init_done, init_fail);
    SIGNAL mystate : state;

BEGIN
    -- 持续接收 SD 卡输出
    PROCESS (SD_clk)
    BEGIN
        IF (SD_clk'EVENT AND SD_clk = '1') THEN
            rx(0) <= SD_dataout;
            rx(47 DOWNTO 1) <= rx(46 DOWNTO 0);
        END IF;
    END PROCESS;

    -- 判断所接收的数据是否有效
    PROCESS (SD_clk)
    BEGIN
        IF (SD_clk'EVENT AND SD_clk = '1') THEN
        -- 若 SD 卡开始发送数据,则设置输入使能并开始计数
            IF ((SD_dataout = '0') AND (en = '0')) THEN
                rx_valid <= '0';
                aa <= 1;
                en <= '1';
        -- 若正在接收数据,则继续接收直至接收完 48bit,接收完毕后将其标记为有效
            ELSIF (en = '1') THEN
                IF (aa < 47) THEN
                    aa <= aa + 1;
                    rx_valid <= '0';
                ELSE
                    aa <= 0;
                    en <= '0';
                    rx_valid <= '1';
                END IF;
        -- 否则重置所有指示变量
            ELSE
                en <= '0';
                aa <= 0;
                rx_valid <= '0';
```

```
        END IF;
    END IF;
END PROCESS;


-- 上电等待过程
PROCESS (SD_clk, rst_n)
BEGIN
    IF (rst_n = '0') THEN
        counter <= 0;
        reset <= '1';
    ELSIF (SD_clk'EVENT AND SD_clk = '0') THEN
        IF (counter < 1023) THEN
            counter <= counter + 1;
            reset <= '1';
        ELSE
            reset <= '0';
        END IF;
    END IF;
END PROCESS;


-- SD 卡初始化过程
PROCESS (SD_clk)
BEGIN
  -- 等待上电过程中,初始化各信号,初始状态设置为 idle
    IF (SD_clk'EVENT AND SD_clk = '0') THEN
        IF (reset = '1') THEN
            IF (counter < 512) THEN
                SD_cs <= '0';
                SD_datain <= '1';
                init_o <= '0';
                mystate <= idle;
            ELSE
                SD_cs <= '1';
                SD_datain <= '1';
                init_o <= '0';
                mystate <= idle;
            END IF;
        ELSE
            CASE mystate IS
        -- 初始状态,准备发送 CMD0,并切换到 send_cmd0 状态
                WHEN idle =>
                    init_o <= '0';
                    CMD0 <= ("01000000" & "00000000" & "00000000" & "00000000" & "00000000" &
"10010101");
                    SD_cs <= '1';
                    SD_datain <= '1';
                    mystate <= send_cmd0;
                    cnt <= 0;
        -- 发送 CMD0 状态,串行发送 CMD0,发送完毕后进入 wait_01 状态
                WHEN send_cmd0 =>
                    IF (CMD0 /= 0) THEN
                        SD_cs <= '0';
                        SD_datain <= CMD0(47);
                        CMD0 <= (CMD0(46 DOWNTO 0) & '0');
```

```
                                    ELSE
                                        SD_cs <= '0';
                                        SD_datain <= '1';
                                        mystate <= wait_01;
                                    END IF;
--  等待 SD 卡的回复。若回复正确,则进入 waitb 状态,否则回到 idle 状态重新开始
                                WHEN wait_01 =>
                                    IF (rx_valid = '1' AND rx(47 DOWNTO 40) = "00000001") THEN
                                        SD_cs <= '1';
                                        SD_datain <= '1';
                                        mystate <= waitb;
                                    ELSIF (rx_valid = '1' AND rx(47 DOWNTO 40) /= "00000001") THEN
                                        SD_cs <= '1';
                                        SD_datain <= '1';
                                        mystate <= idle;
                                    ELSE
                                        SD_cs <= '0';
                                        SD_datain <= '1';
                                        mystate <= wait_01;
                                    END IF;
--  等待一段时间,然后准备发送 CMD8,并进入 send_cmd8 状态
                                WHEN waitb =>
                                    IF (cnt < 1023) THEN
                                        SD_cs <= '1';
                                        SD_datain <= '1';
                                        mystate <= waitb;
                                        cnt <= cnt + 1;
                                    ELSE
                                        SD_cs <= '1';
                                        SD_datain <= '1';
                                        CMD8 <= ("01001000" & "00000000" & "00000000" & "00000001" & "10101010" &
"10000111");
                                        cnt <= 0;
                                        mystate <= send_cmd8;
                                    END IF;
--  发送 CMD8 指令,发送完毕后进入 waita 状态
                                WHEN send_cmd8 =>
                                    IF (CMD8 /= 0) THEN
                                        SD_cs <= '0';
                                        SD_datain <= CMD8(47);
                                        CMD8 <= (CMD8(46 DOWNTO 0) & '0');
                                    ELSE
                                        SD_cs <= '0';
                                        SD_datain <= '1';
                                        mystate <= waita;
                                    END IF;
--  等待 SD 卡回复,若回复正确,则准备发送 CMD55 和 ACMD41 并
--  进入 send_cmd55 状态,否则进入 init_fail 状态
                                WHEN waita =>
                                    SD_cs <= '0';
                                    SD_datain <= '1';
                                    IF (rx_valid = '1' AND rx(19 DOWNTO 16) = "0001") THEN
                                        mystate <= send_cmd55;
                                        CMD55 <= ("01110111" & "00000000" & "00000000" & "00000000" & "00000000" &
```

```
"11111111");
                        ACMD41 <= ("01101001" & "01000000" & "00000000" & "00000000" & "00000000" &
"11111111");
                    ELSIF (rx_valid = '1' AND rx(19 DOWNTO 16) /= "0001") THEN
                        mystate <= init_fail;
                    END IF;
-- 发送 CMD55,发送完毕后等待 SD 卡回复,若在规定时间内收到正确回复,
-- 则进入 send_acmd41 状态,否则进入 init_fail 状态
                WHEN send_cmd55 =>
                    IF (CMD55 /= 0) THEN
                        SD_cs <= '0';
                        SD_datain <= CMD55(47);
                        CMD55 <= (CMD55(46 DOWNTO 0) & '0');
                    ELSE
                        SD_cs <= '0';
                        SD_datain <= '1';
                        IF (rx_valid = '1' AND rx(47 DOWNTO 40) = "00000001") THEN
                            mystate <= send_acmd41;
                        ELSE
                            IF (cnt < 127) THEN
                                cnt <= cnt + 1;
                            ELSE
                                cnt <= 0;
                                mystate <= init_fail;
                            END IF;
                        END IF;
                    END IF;
-- 发送 ACMD41,发送完毕后等待 SD 卡回复,若在规定时间内收到正确回复,
-- 则进入 init_done 状态,否则进入 init_fail 状态
                WHEN send_acmd41 =>
                    IF (ACMD41 /= 0) THEN
                        SD_cs <= '0';
                        SD_datain <= ACMD41(47);
                        ACMD41 <= (ACMD41(46 DOWNTO 0) & '0');
                    ELSE
                        SD_cs <= '0';
                        SD_datain <= '1';
                        ACMD41 <= "000000000000000000000000000000000000000000000000";
                        IF (rx_valid = '1' AND rx(47 DOWNTO 40) = "00000000") THEN
                            mystate <= init_done;
                        ELSE
                            IF (cnt < 127) THEN
                                cnt <= cnt + 1;
                            ELSE
                                cnt <= 0;
                                mystate <= init_fail;
                            END IF;
                        END IF;
                    END IF;
                    -- 初始化完成
                WHEN init_done =>
                    init_o <- '1';
                    SD_cs <= '1';
                    SD_datain <= '1';
```

```
                    cnt <= 0;
                  -- 初始化失败, 回到 waitb 状态
            WHEN init_fail =>
                init_o <= '0';
                SD_cs <= '1';
                SD_datain <= '1';
                cnt <= 0;
                mystate <= waitb;
                  -- 默认返回初始状态
            WHEN OTHERS =>
                mystate <= idle;
                SD_cs <= '1';
                SD_datain <= '1';
                init_o <= '0';
        END CASE;
      END IF;
    END IF;
  END PROCESS;

END trans;
```

6. SD 卡读操作模块

```
-- By Xu Jiacheng and Li Yinghui, 2018/7/3

LIBRARY ieee;
USE ieee.std_logic_1164.all;
USE ieee.std_logic_unsigned.all;


-- SD 卡读取模块, 主要的输入输出信号包括 sec, read_req, mydata_o,
-- myvalid_o 和 data_come
-- 注意事项:
-- 1. 顶层调用的时候注意根据 init_o 的情况选择使用 SD_initial 或
-- SD_read 的 SD_datain. SD_cs 同理
-- 2. 注意 SD_clk 范围, 一般取 25MHz
-- 3. 需要读取某一扇区数据的时候将物理扇区号 sec 传入, 并设置 read_req 为 1。
-- 之后该模块会依次读取 512 字节, 并串行地以单字节的形式输出
-- 4. 如何获取扇区号及如何处理读取出来的数据需由外部模块处理,
-- 扇区号可用 winhex 查询, 读取出的数据一般暂存在片内 RAM 内
-- 5. 若在读取过程中再次发送请求, 该请求将会被无视
ENTITY SD_read IS
  PORT (
    SD_clk : IN STD_LOGIC;                              -- 时钟信号
    SD_cs : OUT STD_LOGIC;                              -- 片选信号
    SD_datain : OUT STD_LOGIC;                          -- SD 卡的数据输入
    SD_dataout : IN STD_LOGIC;                          -- SD 卡的数据输出
    sec : IN STD_LOGIC_VECTOR(31 DOWNTO 0);             -- 所需访问的扇区号
    read_req : IN STD_LOGIC;                            -- 读取请求
    mydata_o : OUT STD_LOGIC_VECTOR(7 DOWNTO 0);        -- 本模块的输出,
                                                        -- 表示从 SD 卡接收到的 1 字节
    myvalid_o : OUT STD_LOGIC;                          -- 表示上述输出有效
    data_come : OUT STD_LOGIC;                          -- 表示开始接收 SD 卡的 512 字节数据
    init : IN STD_LOGIC                                 -- 用于标识 SD 卡是否初始化完毕
```

```
    );
END SD_read;

ARCHITECTURE trans OF SD_read IS
    SIGNAL rx : STD_LOGIC_VECTOR(7 DOWNTO 0);              -- 从 SD 卡读取到的数据
    SIGNAL rx_valid : STD_LOGIC;                          -- 标识读取数据是否有效
    SIGNAL en : STD_LOGIC;                                -- 输入使能
    SIGNAL aa : INTEGER;                                  -- 计数用
    SIGNAL cnt : INTEGER;                                 -- 计数用
    SIGNAL read_finish : STD_LOGIC;                       -- 标识 512 字节数据读取完毕
    SIGNAL read_start : STD_LOGIC;                        -- 标识正在读取数据
    SIGNAL mydata : STD_LOGIC_VECTOR(7 DOWNTO 0);         -- 所读取到的数据
    SIGNAL read_step : STD_LOGIC;                         -- 标识正在读取数据
    SIGNAL read_cnt : INTEGER;                            -- 计数用
    SIGNAL CMD17 : STD_LOGIC_VECTOR(47 DOWNTO 0);         -- CMD17 命令
    SIGNAL cntb : INTEGER;                                -- 计数用
     -- 标识读取状态
    TYPE state IS (idle,read_prepare,read_wait,read_data,read_done);
    SIGNAL mystate:state;
BEGIN
    -- 持续读取 SD 卡输出
    PROCESS (SD_clk)
    BEGIN
        IF (SD_clk'EVENT AND SD_clk = '1') THEN
            rx(0) < = SD_dataout;
            rx(7 DOWNTO 1) < = rx(6 DOWNTO 0);
        END IF;
    END PROCESS;

    -- 判断所接收的数据是否有效
    PROCESS (SD_clk)
    BEGIN
        IF (SD_clk'EVENT AND SD_clk = '1') THEN
    -- 若 SD 卡开始发送数据,则设置输入使能并开始计数
        IF (SD_dataout = '0' AND en = '0') THEN
            rx_valid < = '0';
            aa < = 1;
            en < = '1';
    -- 若正在接收数据,则继续接收直至接收完 8bit,接收完毕后将其标记为有效
        ELSIF (en = '1') THEN
            IF (aa < 7) THEN
                aa < = aa + 1;
                rx_valid < = '0';
            ELSE
                aa < = 0;
                en < = '0';
                rx_valid < = '1';
            END IF;
    -- 否则重置所有指示变量
        ELSE
            en < = '0';
            aa <- 0,
            rx_valid < = '0';
        END IF;
```

```
            END IF;
        END PROCESS;


        -- 读取数据流程
        PROCESS (SD_clk)
        BEGIN
            IF (SD_clk'EVENT AND SD_clk = '0') THEN
           -- 若 SD 卡尚未初始化完毕,则初始化各信号,将状态设置为 idle
                IF (init = '0') THEN
                    mystate <= idle;
                    CMD17 <= ("01010001" & "00000000" & "00000000" & "00000000" & "00000000" &
"11111111");
                    read_start <= '0';
                ELSE
                    CASE mystate IS
           -- 初始状态下,等待读取请求,若有读取请求,则设置 CMD17 命令并
           -- 进入 read_prepare 状态
                        WHEN idle =>
                            read_start <= '0';
                            SD_cs <= '1';
                            SD_datain <= '1';
                            cnt <= 0;
                            IF (read_req = '1') THEN
                                mystate <= read_prepare;
                                CMD17 <= ("01010001" & sec(31 DOWNTO 24) & sec(23 DOWNTO 16) & sec(15
DOWNTO 8) & sec(7 DOWNTO 0) & "11111111");
                            ELSE
                                mystate <= idle;
                            END IF;
           -- 发送 CMD17,发送完毕后等待第一个由 SD 卡返回的有效数据,
           -- 之后进入 read_wait 状态
                        WHEN read_prepare =>
                            read_start <= '0';
                            IF (CMD17 /= 0) THEN
                                SD_cs <= '0';
                                SD_datain <= CMD17(47);
                                CMD17 <= (CMD17(46 DOWNTO 0) & '0');
                                cnt <= 0;
                            ELSE
                                IF (rx_valid = '1') THEN
                                    cnt <= 0;
                                    mystate <= read_wait;
                                END IF;
                            END IF;
           -- 等待接收完 SD 卡的 512 字节的信号后,进入 read_done 状态
                        WHEN read_wait =>
                            IF (read_finish = '1') THEN
                                mystate <= read_done;
                                read_start <= '0';
                            ELSE
                                read_start <= '1';
                            END IF;
           -- 等待一段时间,然后进入 idle 状态
                        WHEN read_done =>
```

```
                        read_start <= '0';
                        IF (cnt < 15) THEN
                            SD_cs <= '1';
                            SD_datain <= '1';
                            cnt <= cnt + 1;
                        ELSE
                            cnt <= 0;
                            mystate <= idle;
                        END IF;
        -- 默认进入 idle 状态
                    WHEN OTHERS =>
                        mystate <= idle;
                END CASE;
            END IF;
        END IF;
END PROCESS;


-- 设置 mydata_o
PROCESS (SD_clk)
BEGIN
    IF (SD_clk'EVENT AND SD_clk = '1') THEN
    -- 若 SD 卡尚未初始化完毕,则初始化各信号
        IF (init = '0') THEN
            myvalid_o <= '0';
            mydata_o <= "00000000";
            mydata <= "00000000";
            read_step <= '0';
            read_finish <= '0';
            data_come <= '0';
        ELSE
    -- 若不处于读取数据状态,则等待直到开始读取
            IF (read_step = '0') THEN
                cntb <= 0;
                read_cnt <= 0;
                read_finish <= '0';
                IF ((read_start = '1') AND (SD_dataout = '0')) THEN
                    read_step <= '1';
                    data_come <= '1';
                ELSE
                    read_step <= '0';
                END IF;
    -- 否则读取 512 字节的数据,每读取 1 字节的数据,即设置 mydata_o,
    -- 并设置 myvaild_o 为有效
            ELSE
                IF (read_cnt < 512) THEN
                    IF (cntb < 7) THEN
                        myvalid_o <= '0';
                        mydata <= (mydata(6 DOWNTO 0) & SD_dataout);
                        cntb <= cntb + 1;
                        data_come <= '0';
                    ELSE
                        myvalid_o <= '1';
                        mydata_o <= (mydata(6 DOWNTO 0) & SD_dataout);
                        cntb <= 0;
```

```
                    read_cnt <= read_cnt + 1;
                    data_come <= '0';
                END IF;
-- 读取完毕后重设各信号的值
            ELSE
                read_finish <= '1';
                read_step <= '0';
                myvalid_o <= '0';
                data_come <= '0';
            END IF;
        END IF;
      END IF;
    END IF;
  END PROCESS;
END trans;
```

7. 效果展示

代码下载到硬件平台后需要对系统进行手动复位,显示器显示的效果如图 10-12 所示。

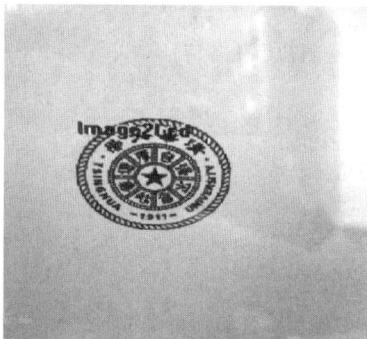

图 10-12　图片显示效果

第四篇

少林绝学篇——硬件算法

第 11 章

武功六　愤怒的小鸟

11.1　江湖传言

　　Angry Birds(愤怒的小鸟)是一款风靡全球的游戏,该游戏中需要模拟存在重力、压力、阻力等作用力的情况下多个物体间的碰撞过程,这一模拟需要大量的浮点数计算,只有充分利用有限的逻辑单元设计硬件算法,并对物理过程做适当的近似和简化,才能在 VGA 时钟信号的速度下完成计算。

　　游戏的开始界面显示 1、2、3、4 四个数字,分别对应四个关卡。将鼠标左键置于开始界面中关卡对应数字上方后按下,可以选择相应关卡开始游戏。游戏开始后,首先移动鼠标使小鸟到达合适的发射位置,然后右击,则可成功发射小鸟,每轮发射的持续时间为 10s,10s 之后可以发射下一只小鸟。此外,RST_T1 键提供异步复位,若游戏结束或是想要重新开始,可以按下 RST_T1 键跳转回开始界面,如图 11-1 所示。

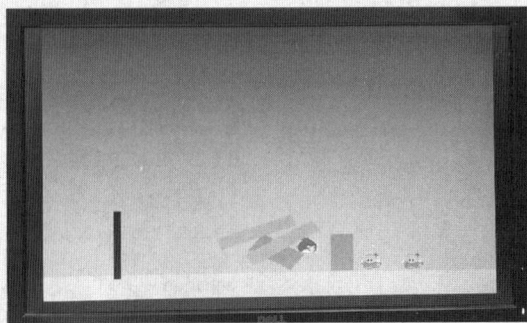

图 11-1　愤怒的小鸟界面

🔑 11.2   提纲挈领

为了实现"愤怒的小鸟",需要进行如图 11-2 所示的模块化设计。

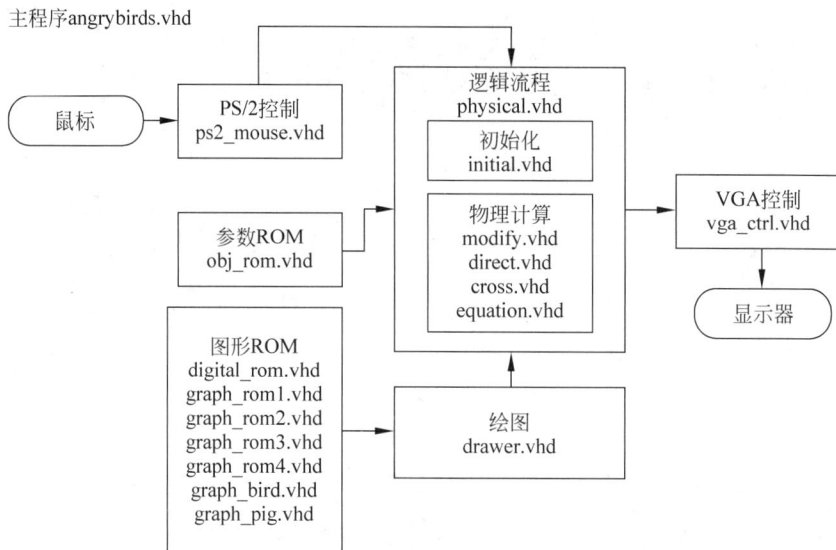

图 11-2   愤怒的小鸟模块设计

其中,PS/2 鼠标,以及 VGA 控制的相关原理,已经在前述各章中得到了充分的实践,此游戏中的应用并无特殊之处。而此游戏的"逻辑流程"模块为整个游戏设计的重点,根据在逻辑主控模块 physical.vhd 中的状态机 state,可以对游戏进行逻辑流程设计(如图 11-3 所示)。

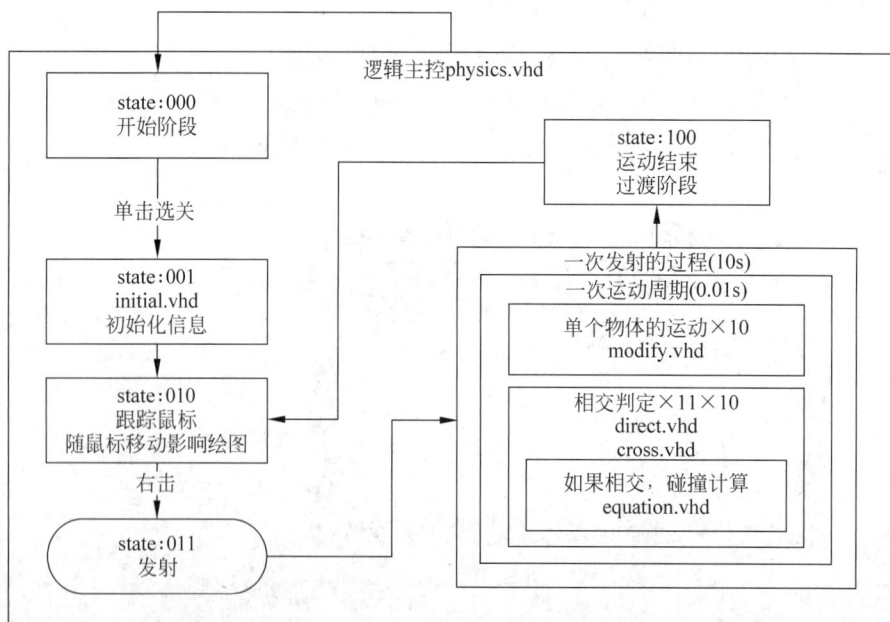

图 11-3   游戏的逻辑流程设计

在"逻辑流程"的模块中,负责具体物理计算的模块有:运动模块 modify、判交模块 cross、碰撞计算模块 equation。这三个模块的设计是此游戏的重点和难点所在。

[注意]　这些模块的实现包含大量的浮点数计算,需要用 mega 函数来完成。

11.3　明确招式

一门武功,一般由招式和口诀组成,二者缺一不可。数设江湖里的武功,招式尤指实验所用到的基础知识,而口诀则是实验中遇到的问题及解决办法。在运用总纲得出了武功整体设计后,通过明确招式,进行分模块的具体功能实现与状态机细化。

1. ROM 模块

ROM 模块(obj_rom.vhd, digital_rom.vhd, graph_xxx.vhd)中包含写有各物体参数的 ROM 文件(obj.mif),在这个文件中写有 616 个 32 位值,平均分成 4 个关卡的数据,每个关卡中包括 11 个物体的数据(大地、鸟、猪、猪、木头、木头、石头、石头、玻璃、玻璃、玻璃,其中一些可能为空),每个物体包括 14 个 32 位值,分别是:编号,质量的倒数 $1/m$,长 a,宽 b,X 轴位置 x,Y 轴位置 y,旋转角度 t,$\sin(t)$,$\cos(t)$,X 轴方向速度 v_x,Y 轴方向速度 v_y,旋转速度 w,物体的破损阈值 F(最大能承受的冲量),转动惯量的倒数 $1/J$。大地的质量和转动惯量为无穷大,因此 $1/m$ 和 $1/J$ 的值为 0。除编号以外,其余数据均为 32 位带符号浮点数形式,由 C 程序计算出浮点数的二进制码,写入 MIF 文件。

除此之外,还有 digital_rom.vhd 等 7 个表示图形的 ROM 模块,每个模块对应的 ROM 中存有若干个 64×64 的 1 位值,用来表示各图形的形状,bird 和 pig 为 8 位值表示颜色。在各模块中,除了 digital(选关界面的数字)不会旋转、rom1(圆的消隐图)旋转对称之外,其他 5 个 ROM(bird、pig、wood、stone、glass)都包括 16 张 64×64 的图,分别用来表示旋转了 $k/16$($k=0,1,2,\cdots\cdots,15$)个圆周的形状。

接口说明见表 11-1。

表 11-1　ROM 接口

接　　口	类　　型	说　　明
clock	in	25MHz 时钟
address	in	访问 ROM 的地址
q	out	ROM 的访问结果

2. 鼠标控制模块

鼠标控制模块(ps2_mouse.vhd)和第 4 章的示例代码基本相同。

接口说明见表 11-2。

表 11-2　鼠标控制模块接口

接　　口	类　　型	说　　明
clk_in	in	输入时钟
reset_in	in	重置信号

接　　口	类　　型	说　　明
ps2_clk	in/out	PS/2 时钟
ps2_data	in/out	PS/2 数据
left_button	out	鼠标左键信号
right_button	out	鼠标右键信号
middle_button	out	鼠标中键信号
mousex	buffer	鼠标 x 坐标
mousey	buffer	鼠标 y 坐标
error_no_ack	out	错误应答信号

3. 图像绘制模块

图像绘制模块(drawer. vhd)的输入信号是来自逻辑模块的各物体信息 graph,包括各物体是否存在、中心的坐标(10 位)以及旋转的角度(4 位,也就是说只能为 1/16 圆周的整数倍),以及 ROM 中 bird 和 pig 的颜色信息。这里 vga_state 是上级传入的 state 状态,根据状态的不同,(选关或游戏中)采用不同的公式计算当前 VGA 扫描的坐标点的颜色。

根据这些信息,可以查到坐标点是否在某一个物体的区域内,进而得到其应该被染的颜色。同时还会输出当前坐标在各图形 ROM 中的位置组成的信号。

接口说明见表 11-3。

表 11-3　图像绘制模块接口

接　　口	类　　型	说　　明
vga_state	in	当前 VGA 状态
clk	in	输入时钟
vector_x	in	VGA 当前扫描的 x 坐标
vector_y	in	VGA 当前扫描的 y 坐标
q_gl	in	表征各物体是否存在
graph	in	当前各物体的位置和旋转角
q_pic	in	鸟和猪的颜色信息
rgb	out	当前点应该显示的颜色
address_gl	out	当前坐标在 bird,pig 中的地址
address_pic	out	当前坐标在 rom1~rom4 中的地址

4. VGA 控制模块

VGA 控制模块(vga_ctrl. vhd)和第 5 章的示例代码基本相同。

接口说明见表 11-4。

表 11-4　VGA 控制模块接口

接　　口	类　　型	说　　明
reset	in	重置信号
vga_state	in	当前 VGA 状态
q	in	ROM 结果

接　　口	类　　型	说　　明
mouse_x	in	鼠标的 x 坐标
mouse_y	in	鼠标的 y 坐标
clk_0	in	输入时钟(25MHz)
nowrgb	in	绘图模块计算出的颜色
clk_25	out	输出时钟(100MHz)
address	out	ROM 地址
v_x，v_y	out	VGA 的当前扫描坐标
r，g，b	out	输出颜色信号
hs	out	水平同步信号
vs	out	垂直同步信号
finish_vga	out	VGA 扫描结束的信号
clk25	out	VGA 时钟

5. 运动模块

运动模块(modify.vhd)用于模拟一个运动周期内的运动情况。尽管实际情形每次从发射到接近平衡态的运动时间常常不止 10s,但为简化计算起见按照每次运动 10s 计算。每次运动的过程中分成 1000 个运动周期,即每 0.01s 调用一次 modify 模块,进行每个物体的模拟运动计算,随后再调用 cross 模块判定在这个运动周期之后的相交情况。

[注意]　虽然之前在 drawer 模块中每个物体的旋转角只能取为 1/16 圆周的整数倍,在 ROM 中保存的形状信息也只存储了 1/16 圆周的整数倍,但是在实际的物理计算中,使用的是 obj_rom 中规定的物体信息格式,也就是说,旋转角是带符号 32 位的浮点数,并且规定其取值范围为 $-\pi \sim \pi$。

在运动过程的模拟中,用 0.995 的速度衰减系数来模拟阻力,而重力则用 $g = 9.8 \text{m/s}^2$ 来参与计算。这样,通过物体原有的位置、旋转角、速度和角速度,就可以计算出一个运动周期 0.01s 后的这四个数值。因为在随后的 cross 模块判交中将大量用到旋转角的正弦和余弦,所以在这里也要预先计算好新的旋转角的正弦和余弦。这个工程中采用在 $-\pi \sim \pi$ 上展开到第三项的勒让德展开式。对计算得到的公式进行拆分,就可以用基本的 mega 函数在状态机上实现。

当使能端 rst 被置 1 时开始计算。输入的物体信息为 obj_rom 中 448 位的形式。计算结束后 res 置 1,计算结果信号 upd 包含位置坐标 x 和 y,角度 t 及 cos(t)、sin(t),速度 v_x、v_y 以及角速度 w。

接口说明见表 11-5。

表 11-5　运动模块接口

接　　口	类　　型	说　　明
clk	in	输入时钟
rst	in	使能端
obj	in	待处理的物体信息
res	out	计算完成信号
upd	out	计算结果

6. 判交模块

判交模块(direct. vhd、cross. vhd)是从 cross 模块中分离而来的,起到辅助计算的作用。而 cross 模块完成的判交是整个游戏中最核心的计算工作,判交的过程除了判断是否相交,还兼起到计算相交时力的方向和对两个物体的力矩的作用(为了简化起见,忽略了摩擦力,只计算冲力影响)。由于在游戏中,鸟和猪被近似成圆,其他的物体都被近似成矩形,所以只需要讨论三种情形的判交:RR(矩形和矩形)、RC(矩形和圆)、CC(圆和圆)。为了简便起见,忽略摩擦力的影响。

定义矩形坐标系:以矩形中心为原点,长边方向为 x 轴、短边方向为 y 轴的坐标系。对于矩形 A 和图形 B 的判交,只需要考虑矩形 A 的矩形坐标系下的判交即可。

(1) RR。在矩形 A 的坐标系下,容易计算矩形 B 的 4 个顶点坐标,从而判断出矩形 B 中哪些点在 A 内。由于运动的连续性,所以点的个数只有 1 和 2 两种可能。如果有两个点在 A 内,那么这两个点必定为连续点且 B 与 A 只有 1 条边相交,那么力的方向即为 A 上该边的法向,同时 A 的力矩即 B 中心坐标的其中一维,且 B 的力矩为 0。同理计算出 A 在 B 中的点的个数。若 B 在 A 中存在一个顶点,但 A 的顶点不在 B 中,那么力的方向即为 A 对应边的法向,并通过计算出两个矩形的力矩。如果 A 与 B 各有一点在对方矩形内,则通过比较两个顶点到矩形边的最短距离,然后取两个中较长的点对应边的法向为力的方向,并根据坐标计算力矩。

(2) RC。同样将圆 B 代入矩形 A 的坐标系里考虑。这里有两种情况,一种是圆与矩形的边相交,另一种是圆与矩形的角相交。计算圆心与矩形各边的距离。因为运动的连续性,所以假定圆形的圆心不会进入矩形内部。所以若圆心位置被矩形的某两边夹住且与另一对边的距离小于半径,那么就说明该圆与距离小于 r 的那条边相交,同时确定力的方向为该边的法向,这时力矩可通过在圆心在矩形坐标系下的位置算出。若圆形不与矩形的边相交,则计算圆心和与之最近的角的距离,若距离的平方小于半径的平方则圆形与矩形相交,力的方向即为该角与圆形的连线,并以此计算出矩形的力矩。

(3) CC。这一种情况非常简单,只需计算两圆心距离的平方值与两个圆半径的平方和比较即可得知两圆形是否相交,力的方向即为两圆心的连接方向,同理两个圆的力矩均为 0。

整个计算过程是利用状态机对以上一系列分类讨论及其对应的公式的拆分,具体的公式见代码间注释。当使能端 rst 被置 1 时模块开启,完成信号 res(0) 发出后模块结束。

输入的物体信息和在 obj_rom 模块一样,为 448 位(14 个 32 位)的结构。当使能端 rst 被置 1 时开始计算。输出的信号中,ry1 和 ry2 用于判断两个矩形之间是否有包含或部分包含关系,还包括完成信号/结果信号 res,以及在判交的过程中计算出的相交产生的力和力矩。

接口说明(cross 的接口,direct 只是用于 cross 中的辅助计算模块)见表 11-6。

表 11-6 判交模块接口

接口	类型	说明
clk	in	输入时钟
rst	in	使能端
obj1,obj2	in	待检测相交的物体信息

接　　口	类　　型	说　　明
ry1	out	第二个矩形的 4 个顶点是否在第一个矩形内(4 位)
ry2	out	第一个矩形的 4 个顶点是否在第二个矩形内(4 位)
res	out	(1)表示计算完成信号,(0)表示是否相交(判交结果)
i1,i2	out	相交产生的力加在两物体的力矩
fx,fy,fs	out	相交产生的力,其中 $fs=|f|^2$

7. 碰撞处理模块

如果在 cross 模块中得到两个物体相交,那么就会发生碰撞。碰撞处理模块(equation.vhd)中已经计算出来了碰撞产生的力和力矩,equation 模块则是借助动力学方程,将力和力矩的作用转变为两个物体的速度和角速度的改变。实现方法和 modify 模块相似,算出公式以后利用状态机拆分计算即可。输出的计算结果信号包括两个物体的速度和角速度。

这里涉及一个物体破碎的判断。在 obj_rom 中为每个物体配置了一个破损阈值,如果承受的冲量大于这个阈值,那么物体将会破碎,发出相应的破碎信号。不会破碎的物体(大地和鸟)的阈值为充分大的值。

接口说明见表 11-7。

表 11-7　碰撞处理模块接口

接　　口	类　　型	说　　明
clk	in	输入时钟
rst	in	使能端
obj1,obj2	in	碰撞的两个物体信息
i1,i2	in	cross 模块算出的力矩
fx,fy,fs	in	cross 模块算出的力
res	out	(0)、(3)为 obj1 的破碎信号和计算完成信号；(1)、(2)为 obj2 的破碎信号和计算完成信号
r1,r2	out	计算结果

8. 初始化模块

初始化模块(initial.vhd)输入的 num 信号(取值在 00 到 11)表示关卡序号,根据 num 选取在 obj_rom 中的对应地址,依次将关卡中的各物体信息读入 obj 中。

接口说明见表 11-8。

表 11-8　初始化模块接口

接　　口	类　　型	说　　明
clk	in	输入时钟
rst	in	使能端
num	in	选择的关卡序号
res	out	初始化完成信号
obj	out	从 ROM 中读取的物体信息

9. 逻辑主控模块

逻辑主控模块（physics.vhd）负责在游戏进行过程中的计算控制，是整个逻辑部分（initial、modify、direct/cross、equation）的集成。因此，此模块使用的状态机 state 也可以认为是整个游戏的主自动机，分成 000、001、010、011、100 五个状态，分别对应开始、初始化、追踪鼠标、运动过程和过渡过程五个状态。

physics 模块的使能端 rst 和其他逻辑模块不同，含有两位，00 是等待开启状态，01 表示单击信号，10 表示鼠标拖曳信号，11 表示右击信号。

开始阶段 state 置 000，接受到使能端 01 信号后进入 001 状态，调用 initial 模块完成初始化。接受到 initial 完成信号后进入 010 状态。010 状态下，接受到使能端 10 信号，随鼠标移动改变小鸟的位置，接受到鼠标 11 信号则触发发射小鸟（初速度由拖动的方向和距离决定）进 011 状态。011 状态下进行 1000 次运动周期，每个运动周期先对每个物体调用 modify 模块模拟运动，然后两两之间调用 cross 模块判交，对于相交的物体，调用 equation 模块处理碰撞事件。

输出信号中，test_out 是测试信息，obj_out 则是有效的输出，包括所有物体在屏幕上的 x、y 坐标和旋转角（标准化成 1/16 圆周的整数倍），用于 VGA 输出。

为了进一步对计算进行优化以保证能跟上 VGA 时钟，对每一个物体添加一个运动标记与碰撞标记，即表示这个物体的位置在这个运动周期内是否变化，以及在一轮碰撞判断中发生过碰撞。每个物体完成运动模块的计算后将运动标记置 1。用两重循环分别枚举物体 A 与物体 B，判断它们是否发生碰撞。在枚举物体 A 时，若在一轮中没有任何物体与之碰撞，那么将其碰撞标记置 0，即下一轮不对物体 A 进行碰撞判断。若枚举物体 A 时与物体 B 发生碰撞，则将两个物体的运动标记均置 0 即表示位置返回，同时将物体 B 的碰撞标记置为 1。当然两个运动标记均为 0 的物体不进行碰撞判定。

接口说明见表 11-9。

表 11-9   逻辑主控模块接口

接　　口	类　　型	说　　明
clk_0	in	输入时钟
rst	in	使能端
num	in	选择的关卡序号
mousex	in	鼠标 x 坐标
mousey	in	鼠标 y 坐标
test_out	out	测试输出
res	out	计算完成信号
obj_out	out	物体输出信息

10. 总控制模块

设计完逻辑主控模块之后，总控制模块（angrybirds.vhd）就非常简单了，无非是将逻辑部分和 PS/2、VGA、ROM 这些对逻辑部分 I/O 的模块连接起来。

接口说明见表 11-10。

表 11-10　总控制模块接口

接　　口	类　　型	说　　明
clk_0	in	输入时钟(100MHz)
reset	in	重置信号
hs,vs	out	VGA 的水平/垂直同步信号
r,g,b	out	VGA 的颜色信号
ps2_clk	inout	PS/2 的时钟
ps2_data	inout	PS/2 的状态信号
test_out	out	测试输出

11.4　自我修炼

1. 总控制模块

调用其他的各个模块,穿针引线,建构起整个程序。这里节选核心的控制部分代码。

```
process(reset,clk5) -- 控制 vga 和鼠标
begin
    if reset = '0' then
        vga_state <= "00";
        resetm <= '0';
    elsif rising_edge(clk5) then
        resetm <= not (middle_button or error_no_ack);
        case vga_state is
        when "00" => -- 选择难度级别
            resetv <= '1';
            if left_button = '1' then
                if nowx(9 downto 6) = "0100" and nowy(8 downto 6) = "0011" then
                    choose <= "00";
                    vga_state <= "01";
                elsif nowx(9 downto 6) = "0101" and nowy(9 downto 6) = "0011" then
                    choose <= "01";
                    vga_state <= "01";
                elsif nowx(9 downto 6) = "0100" and nowy(9 downto 6) = "0100" then
                    choose <= "10";
                    vga_state <= "01";
                elsif nowx(9 downto 6) = "0101" and nowy(9 downto 6) = "0100" then
                    choose <= "11";
                    vga_state <= "01";
                end if;
            end if;

        when "01" => -- 初始化
            resetv <= '0';
            if(res = "010")then
                vga_state <= "10";
            end if;

        when "10" => -- 追踪鼠标位置
```

```
                              resetv < =  '1';
                              if right_button = '1' then
                                  vga_state < = "11";
                              end if;

                      when "11"  = >  -- 移动
                              resetv < =  '1';
                              if( res = "100" )then
                                  vga_state < = "10";
                              end if;
                          end case;
                  end if;
          end process;

  end rtl;
```

2. 逻辑主控模块

控制整个逻辑部分,实现各个物理过程计算的逻辑整合。

```
----------------------------------------------------------------------
-- 物理控制模块
-- 目标芯片 : EP2C70F672C8
-- 时钟 : clk_0 = 100MHz
-- 描述 :
--     本设计不能分开演示
-- 主要信号描述:
--     rst : 复位
--     num : 起始层级号
--     mouse_x, mouse_y : 提示符的坐标
--     res : 物理控制模块的当前状态
--     obj_out : 对象的输出信息
----------------------------------------------------------------------


library IEEE;
use IEEE.std_logic_1164.ALL;
use IEEE.std_logic_arith.ALL;
use IEEE.std_logic_unsigned.ALL;

-- 以下为核心模块

entity physics is
    port(
        clk_0: in std_logic;
        rst: in std_logic_vector(1 downto 0);
        num: in std_logic_vector(1 downto 0);
        mousex: in std_logic_vector(9 downto 0);
        mousey: in std_logic_vector(9 downto 0);

        test_out: out std_logic_vector(39 downto 0);
        res: out std_logic_vector(2 downto 0);
        obj_out: out std_logic_vector(0 to 319)
    );
```

```vhdl
end physics;

architecture rtl of physics is

    component initial
        port(
            clk:in std_logic;
            rst:in std_logic;
            num:in std_logic_vector(1 downto 0);

            res:out std_logic;
            obj:out std_logic_vector(0 to 447)
        );
    end component;

    component modify
        port(
            clk:in std_logic;
            rst:in std_logic;
            obj:in std_logic_vector(0 to 447);

            res:out std_logic;
            upd:out std_logic_vector(0 to 255)
        );
    end component;

    component cross
        port(
            clk:in std_logic;
            rst:in std_logic;
            obj1:in std_logic_vector(0 to 447);
            obj2:in std_logic_vector(0 to 447);

            ry1,ry2:out std_logic_vector(0 to 3);
            res:out std_logic_vector(1 downto 0);
            i1,i2:out std_logic_vector(31 downto 0);
            fx,fy,fs:out std_logic_vector(31 downto 0)
        );
    end component;

    component equation
        port(
            clk:in std_logic;
            rst:in std_logic;

            obj1:in std_logic_vector(0 to 447);
            obj2:in std_logic_vector(0 to 447);

            i1,i2:in std_logic_vector(31 downto 0);
            fx,fy,fs:in std_logic_vector(31 downto 0);

            res:out std_logic_vector(3 downto 0);
            r1,r2:out std_logic_vector(0 to 95)
        );
```

```vhdl
    end component;

component itof
    PORT(
        clock : IN STD_LOGIC ;
        dataa : IN STD_LOGIC_VECTOR (31 DOWNTO 0);
        result : OUT STD_LOGIC_VECTOR (31 DOWNTO 0)
    );
end component;

component ftoi
    PORT(
        clock : IN STD_LOGIC ;
        dataa : IN STD_LOGIC_VECTOR (31 DOWNTO 0);
        result : OUT STD_LOGIC_VECTOR (31 DOWNTO 0)
    );
end component;

component mult7
    port(
        clock : IN STD_LOGIC ;
        dataa : IN STD_LOGIC_VECTOR (31 DOWNTO 0);
        datab : IN STD_LOGIC_VECTOR (31 DOWNTO 0);
        result : OUT STD_LOGIC_VECTOR (31 DOWNTO 0)
    );
end component;

component sub
    PORT(
        clock : IN STD_LOGIC ;
        dataa : IN STD_LOGIC_VECTOR (31 DOWNTO 0);
        datab : IN STD_LOGIC_VECTOR (31 DOWNTO 0);
        result : OUT STD_LOGIC_VECTOR (31 DOWNTO 0)
    );
end component;

constant maxn: integer : = 10;

constant zero: std_logic_vector(31 downto 0): = "00000000000000000000000000000000";
constant one: std_logic_vector(31 downto 0): = "00111111100000000000000000000000";

type obj_type is array(0 to maxn) of std_logic_vector(0 to 447);
type bak_type is array(0 to maxn) of std_logic_vector(0 to 159);

-- obj: 11 * 448, 包括 11 个对象, 即 the earth, bird, pig, pig, wood, wood, stone, stone,
-- glass, glass, glass
signal obj: obj_type;
signal bak: bak_type;

signal clk: std_logic: = '0';

-- state: 控制模块的状态机
    -- 000: 开始
    -- 001: 初始化
```

```
                   --010: 拉动小鸟
                   --011: 移动中
                   --100: 变迁
signal state:std_logic_vector(2 downto 0): = "000";

--ct1: 移动计数器, 0.1Hz
--ct2: 移动计数器的周期, 100Hz
signal ct1:integer range 0 to 536870911;
signal ct2:integer range 0 to 1048575;
signal cg:std_logic;

signal c10,cv:integer range 0 to 31;
signal ci:integer range 0 to 63;

--c01: 初始化计数器
--c11: 移动计数器,在每个周期中从 1 到 10 变化
--ca, cb: 蹾撞计数器,范围为 (0,1) 到 (9,10),用于跨模块调用
signal c01,c11,ca,cb:integer range 0 to 15;

--ri, rm, rc, re 是 4 个子模块的使能端,当且仅当它们的值为 1 时,子模块才能工作
--si, sm, sc, se 是 4 个子模块的结果,当其中一个的第一位是 1 时,表示该子模块已完成任务
signal ri,rm,rc,re,si,sm:std_logic;
signal sc:std_logic_vector(1 downto 0);
signal se:std_logic_vector(3 downto 0);
signal i1,i2,fx,fy,fs:std_logic_vector(31 downto 0);

signal om,oc1,oc2,oi:std_logic_vector(0 to 447);
signal upd:std_logic_vector(0 to 255);
signal r1,r2:std_logic_vector(0 to 95);

--wc1,wc2: ca,cb 的控制信号
--wm,we,wrc: 子模块的 ready 信号
signal wm,we,wc1,wc2,wrc:std_logic;

--fc: 蹾撞信号
--fm: 移动信号
signal fc,fm:std_logic_vector(0 to maxn);
signal stx,sty:std_logic_vector(31 downto 0);

--用于 int 与 float 之间的类型转换
signal if1,if2,fi1,fi2:std_logic_vector(31 downto 0);

--用于加、减运算
signal m1,m2,m3:std_logic_vector(31 downto 0);
signal s1,s2,s3:std_logic_vector(31 downto 0);

signal ct:integer range 0 to 511;
signal ct3:integer range 0 to 31;
signal co:integer range 0 to 15: = 1;
signal fo:integer range 0 to 511: = 0;
constant k:std_logic_vector(31 downto 0): = "01000000101000101111100110000011";  -- 16/pi

signal ry1,ry2:std_logic_vector(0 to 3);
```

```vhdl
begin
    clk <= not clk when(clk_0'event and clk_0 = '1');
    res <= state;

    ph0:initial port map(clk,ri,num,si,oi);
    ph1:modify port map(clk,rm,om,sm,upd);
    ph2:cross port map(clk,rc,oc1,oc2,ry1,ry2,sc,i1,i2,fx,fy,fs);
    ph3:equation port map(clk,re,oc2,oc1,i2,i1,fx,fy,fs,se,r2,r1);

    ph4:itof port map(clk,if1,if2);
    ph5:ftoi port map(clk,fi1,fi2);
    ph6:mult7 port map(clk,m1,m2,m3);
    ph7:sub port map(clk,s1,s2,s3);

    -- 输出测试信息
    test_out(39 downto 37) <= state;
    test_out(35 downto 32) <= conv_std_logic_vector(ca,4);
    test_out(31 downto 28) <= conv_std_logic_vector(cb,4);
    test_out(27 downto 24) <= conv_std_logic_vector(c11,4);

    test_out(13 downto 10) <= fx(31)&fy(31)&i1(31)&i2(31);
    test_out(9 downto 6) <= ry1;
    test_out(5 downto 2) <= ry2;
    test_out(1) <= obj(maxn)(288);
    test_out(0) <= obj(maxn)(320);

    process(clk,rst)
    begin
        if(rst = "00")then                       -- 等待状态
            state <= "000";
            ri <= '0';
            rm <= '0';
            rc <= '0';
            re <= '0';

        elsif(clk = '1' and clk'event)then
            case state is
                when "000" =>                    -- 启动状态机
                    if(rst = "01")then           -- 接收选择难度信号
                        state <= "001";
                        c01 <= 0;
                        ci <= 0;
                        ri <= '1';
                        ct <= 0;
                    end if;

                when "001" =>                    -- 初始化
                    if(si = '1')then
                        if(ct = 0)then
                            stx <= obj(maxn)(128 to 159);
                            sty <= obj(maxn)(160 to 191);
                        elsif(ct = 360)then
                            ri <= '0';
                            c10 <= 0;
```

```
                        state < = "010";
                end if;
                ct < = ct + 1;
            elsif(ci = 56)then
                ci < = 0;
            else
                if(ci = 45)then
                    obj(c01)< = oi;
                    c01 < = c01 + 1;
                end if;
                ci < = ci + 1;
            end if;
        when "010" = >                  -- 游戏开始
            if(rst = "10")then          -- 获取鼠标操作信息,修改小鸟位置
                if(c10 = 14)then
                    obj(maxn)(160 to 191)< = if2;
                    c10 < = 0;
                else
                    if(c10 = 0)then
                        if1 < = "0000000000000000000000"&(mousex - 32);
                    elsif(c10 = 7)then
                        obj(maxn)(128 to 159)< = if2;
                        if1 < = "0000000000000000000000"&(480 - mousey);
                    end if;
                    c10 < = c10 + 1;
                end if;
                cv < = 0;

            elsif(rst = "11")then       -- 发射小鸟
                if(cv = 10)then
                    s1 < = stx;
                    s2 < = obj(maxn)(128 to 159);
                elsif(cv = 20)then
                    obj(maxn)(288 to 319)< =  s3(31)&(s3(30 downto 23) + 3)&s3(22
downto 0);

                    s1 < = sty;
                    s2 < = obj(maxn)(160 to 191);

                elsif(cv = 30)then
                    obj(maxn)(320 to 351)< =  s3(31)&(s3(30 downto 23) + 3)&s3(22
downto 0);

                    state < = "011";
                    ct1 < = 0;
                    ct2 < = 500000;
                end if;
                cv < = cv + 1;
            end if;

        when "011" = >                  -- 处理移动过程
            if(ct1 = 500000000)then     -- 完成一次 10s 的移动,清除状态
                ct1 < = 0;
                state < = "100";
                obj(maxn)(128 to 159)< = stx;
                obj(maxn)(160 to 191)< = sty;
```

```
                obj(maxn)(1)< = '1';
                for i in 1 to maxn loop
                    obj(i)(288 to 383)< = zero&zero&zero;
                end loop;
        else
            ct1 < = ct1 + 1;

            if(ct2 = 500000)then    -- 一个移动周期(0.01s)结束,状态复位
                ct2 < = 0;
                c11 < = 1;
                wm < = '1';
                cg < = '1';
                wc1 < = '1';
                wc2 < = '1';
                wrc < = '1';

                rm < = '0';
                rc < = '0';
                re < = '0';
                ca < = 1;
                cb < = 0;
            else
                ct2 < = ct2 + 1;

                if(c11/ = maxn + 1)then    -- 移动过程
                    if(wm = '1')then
                        bak(c11)< = obj(c11)(128 to 287);
                        om < = obj(c11);
                        rm < = '1';
                        wm < = '0';
                    elsif(rm = '1' and sm = '1')then
                        if(obj(c11)(1) = '1')then
                            obj(c11)(128 to 383)< = upd;
                            if(upd(0) = '1' or (upd(1 to 10)>"1000100001") or
(upd(33 to 40)>"10001000") or upd(32) = '1')then
                                obj(c11)(1)< = '0';
                            end if;
                        end if;
                        rm < = '0';
                        wm < = '1';
                        fc(c11)< = '1';
                        fm(c11)< = '1';
                        c11 < = c11 + 1;
                    end if;
                elsif(wc1 = '1')then    -- 判断目标物体是否互相影响
                    if(fc(ca) = '0' or obj(ca)(1) = '0')then
                        wc1 < = '0';
                    elsif(wc2 = '1')then
                        if((fm(ca) = '0' and fm(cb) = '0') or obj(cb)(1) = '0' or
ca = cb)then
                            wc2 < = '0';
                        elsif(wrc = '1')then

                            if(obj(ca)(0) = '0')then    -- 发生碰撞
```

```
                    oc1 < = obj(ca);
                    oc2 < = obj(cb);
                else
                    oc1 < = obj(cb);
                    oc2 < = obj(ca);
                end if;

                rc < = '1';
                wrc < = '0';
        elsif(rc = '1' and sc(1) = '1')then
            if(sc(0) = '1')then
                    re < = '1';
            else
                    wc2 < = '0';
            end if;
            rc < = '0';
        elsif(re = '1' and se(2) = '1')then    -- 踫撞结束
            if(se(3) = '1')then
                if(ca/ = 0)then
                    if(obj(ca)(0) = '0')then
                        obj(ca)(1)< = not se(1);
                        obj(ca)(128 to 383)< = bak(ca)&r1;
                    else
                        obj(ca)(1)< = not se(0);
                        obj(ca)(128 to 383)< = bak(ca)&r2;
                    end if;
                end if;
                if(cb/ = 0)then
                    if(obj(ca)(0) = '0')then
                        obj(cb)(1)< = not se(0);
                        obj(cb)(128 to 383)< = bak(cb)&r2;

                    else
                        obj(cb)(1)< = not se(1);
                        obj(cb)(128 to 383)< = bak(cb)&r1;
                    end if;
                end if;

                if(obj(ca)(0) = '0' and cb = 0 and r1(32) = '1')then
                    test_out(22 downto 20)< = obj(ca)(288)&obj
(ca)(320)&obj(ca)(352);

                    test_out(19 downto 17)< = r1(0)&r1(32)&r1
(64);

                    test_out(16 downto 14)< = r2(0)&r2(32)&r2
(64);
                end if;

                cg < = '0';
                fm(ca)< = '0';
                fc(cb)< = '1';
                fm(cb)< = '0';
            end if;

            wc2 < = '0';
```

```vhdl
                                      re < = '0';
                              end if;
                          else
                              wc2 < = '1';
                              wrc < = '1';
                              if(cb = maxn)then
                                  wc1 < = '0';
                              else
                                  cb < = cb + 1;
                              end if;
                          end if;
                      else
                          if(cg = '1')then
                              fc(ca)< = '0';
                          end if;
                          wc1 < = '1';
                          wc2 < = '1';
                          cg < = '1';
                          wrc < = '1';
                          if(ca = maxn)then
                              ca < = 1;
                          else
                              ca < = ca + 1;
                          end if;
                          cb < = 0;
                      end if;
                  end if;
              end if;

          when "100" = >                              -- 过渡状态
              if(rst = "10")then
                  state < = "010";
              end if;

          when others = >
      end case;
  end if;

end process;

process(clk)                                          -- 输出位置信号
begin
    if(clk'event and clk = '1')then
        case ct3 is
            when 0 = >
                fi1 < = obj(co)(128 to 159);
            when 7 = >
                obj_out(fo + 12 to fo + 21)< = fi2(9 downto 0) + 32;    -- x 坐标
                fi1 < = obj(co)(160 to 191);
            when 14 = >
                obj_out(fo + 22 to fo + 31)< = 480 - fi2(9 downto 0);   -- y 坐标
                m1 < = obj(co)(192 to 223);
                m2 < = k;
            when 21 = >
```

```
                        fi1 < = m3;
            when 28 = >
                obj_out(fo to fo + 6)< = obj(co)(0 to 6);
                obj_out(fo + 7 to fo + 11)< = fi2(31)&fi2(3 downto 0);
                                            -- 旋转角度(pi/8 的倍数)

                if(co = 10)then
                    co < = 1;
                else
                    co < = co + 1;
                end if;
                if(fo = 288)then
                    fo < = 0;
                else
                    fo < = fo + 32;
                end if;

            when others = >
        end case;
        ct3 < = ct3 + 1;
    end if;
  end process;

end rtl;
```

3. 运动模块

模拟一个周期(0.01s)内一个物体的运动过程。

```
-- 物体运动模块
library IEEE;
use IEEE.std_logic_1164.ALL;
use IEEE.std_logic_arith.ALL;
use IEEE.std_logic_unsigned.ALL;

-- obj: (1/m, a, b, x, y, t, sint, cost, v_x, v_y, w, f, 1/j)
-- upd: (x, y, t, cost, sint, v_x, v_y, w),在一个运动周期后
entity modify is
    port(
        clk:in std_logic;
        rst:in std_logic;  -- enable end
        obj:in std_logic_vector(0 to 447);      -- 物体的信息

        res:out std_logic;                       -- 表示计算完成的信号
        upd:out std_logic_vector(0 to 255)       -- 计算的结果
    );
end modify;


architecture rtl of modify is

component mult7
        port(
            clock : IN STD_LOGIC;
```

```vhdl
            dataa : IN STD_LOGIC_VECTOR (31 DOWNTO 0);
            datab : IN STD_LOGIC_VECTOR (31 DOWNTO 0);
            result : OUT STD_LOGIC_VECTOR (31 DOWNTO 0)
        );
    end component;


    component add
        port(
            clock : IN STD_LOGIC;
            dataa : IN STD_LOGIC_VECTOR (31 DOWNTO 0);
            datab : IN STD_LOGIC_VECTOR (31 DOWNTO 0);
            result : OUT STD_LOGIC_VECTOR (31 DOWNTO 0)
        );
    end component;


    component com
        port(
            clock : IN STD_LOGIC;
            dataa : IN STD_LOGIC_VECTOR (31 DOWNTO 0);
            datab : IN STD_LOGIC_VECTOR (31 DOWNTO 0);
            alb : OUT STD_LOGIC
        );
    end component;

    --三角函数值查找表
    constant k0:std_logic_vector(31 downto 0): = "00111111011110100111001110011001";
                                        -- k0 = 0.9783263909
    constant k2:std_logic_vector(31 downto 0): = "10111110111001111001001001000101";
                                        -- k2 = - 0.4522878108
    constant k4:std_logic_vector(31 downto 0): = "00111100110101100100110100011111";
                                        -- k4 = 0.02615982038
    constant k1:std_logic_vector(31 downto 0): = "00111111011111001100100010001000";
                                        -- k1 = 0.9878621356
    constant k3:std_logic_vector(31 downto 0): = "10111110000111101111111101111000";
                                        -- k3 = - 0.1552714106
    constant k5:std_logic_vector(31 downto 0): = "00111011101110001110100111101000";
                                        -- k5 = 0.005643117976


    --模拟空气阻力
    -- the attenuation factor of velocity in each movement cycle
    constant ke:std_logic_vector(31 downto 0): = "00111111011111101011100001010001"; --  0.995
    --一次移动周期: dt = 0.001s
    -- dx = (v_0 + v_t)/2 * dt = (v_0 + v_0 * ke)/2 * dt = v_0 * (1 + ke)/2 * dt
    --设 kt = (1 + ke)/2 * dt,以简化计算
    constant kt:std_logic_vector(31 downto 0): = "00111100001000110110111000101111";
                                            --  0.009975


    --模拟重力
    --设 g = 9.8m/s^2 为重力加速度
    --kv =  - dt * g * 4
    constant kv:std_logic_vector(31 downto 0): = "10111110110010001011010000111001";
                                            --  - 0.098 * 4

    --ky =  - dt^2 * g/2 * 4
    constant ky:std_logic_vector(31 downto 0): = "10111011000000000111001101010111";
```

```
                                        --  - 0.00049 * 4

 -- pi and 2pi
 constant pi:std_logic_vector(31 downto 0):= "01000000010010010000111111011011";
                                        -- 3.1415927
 constant pi2:std_logic_vector(31 downto 0):= "01000000110010010000111111011011";
                                        -- 6.2831855


 signal cnt:std_logic_vector(6 downto 0);

 -- 调用函数,实现浮点数加、减、比较运算的信号
 signal a1,a2,a3,m1,m2,m3:std_logic_vector(31 downto 0);
 signal c3:std_logic;

 signal s,s2,s4,ss24,s35,s135,dvx,dvy:std_logic_vector(31 downto 0);

begin
 mo1:add port map(clk,a1,a2,a3);
 mo2:mult7 port map(clk,m1,m2,m3);
 mo3:com port map(clk,pi,'0'&s(30 downto 0),c3);

 -- cnt: 状态机
 -- 用状态机完成以下计算:
 -- v_x' = v_x * ke
 -- v_y' = v_y * ke + kv
 -- w'  = w * ke
 -- x'  = x + v_x * kt
 -- y'  = y + v_y * kt + ky
 -- t'  = t + w * kt
 -- cost' = k0 + k2 * t'^2 + k4 * t'^4
 -- sint' = k1 * t' + k3 * t'^3 + k5 * t'^5

 -- 状态机的真正工作流程如下
 -- 0:   m1 = kt                  m2 = w
 -- 7:   a1 = t                   a2 = m3 = kt * w       m2 = v_x
 -- 14:  dvx = m3 = kt * v_x      m2 = v_y
 -- 20:  s = a3 = t + kt * w = t' a1 = a3 = t'           a2 = - sgn(t') * pi
 -- 21:  dvy = m3 = kt * v_y      m1 = ke                m2 = v_x
 -- 30:  v_x' = m3 = y            s = m1 = m2 = t' = |t'|> pi?t' - sgn(t') * pi:t'    a1 = x
 -- a2 = dvx kt * v_x
 -- 37:  s2 = m3 = t'^2           m1 = k5                m2 = m3 = t'^2
 -- 44:  x' = a3 = x + kt * v_x   a1 = k3                a2 = m3 = k5 * t'^2     m1 = k4
 -- 51:  s4 = m3 = k4 * t'^2      m1 = ke                m2 = w
 -- 54:  s35 = a3 = k3 + k5 * t'^2  a1 = k2              a2 = s4 = k4 * t'^2
 -- 58:  w' = m3 = ke * w         m1 = s2 = t'^2         m2 = s35 = k3 + k5 * t'^2
 -- 65:  a1 = k1                  a2 = m3 = k3 * t'^2 + k5 * t'^4     m1 = s2 = t'^2
 -- m2 = a3 = k2 + k4 * t'^2
 -- 72:  ss24 = m3 = k2 * t'^2 + k4 * t'^4          m1 = ke                m2 = v_y
 -- 75:  s135 = a3 = k1 + k3 * t'^2 + k5 * t'^4     a1 = k0                a2 = ss24 =
 -- k2 * t'^2 + k4 * t'^4
 -- 85:  cost' = a3 = k0 + k2 * t'^2 + k4 * t'^4    a1 = m3 = ke * v_y     a2 = kv
 -- m1 = s = t'     m2 = s135 = k1 + k3 * t'^2 + k5 * t'^4
```

```
-- 95:   sint' = m3 = k1 * t' + k3 * t'^3 + k5 * t'^5     v_y' = a3 = ke * v_y + kv        a1 = y
-- a2 = dvy = kt * v_y
-- 105: a1 = a3 = y + kt * v_y                            a2 = ky
-- 115: y' = a3 = y + kt * v_y + ky


-- 本例中使用三角函数 Legendre expandsion on ( - pi, pi)计算 cost and sint
-- 由于 ROM 空间限制,三角函数值仅取近似值
-- 因此,如果期望更好的效果,建议对三角函数值进行优化


process(clk, rst)
begin
    if(rst = '0')then                        -- 等待状态
        res <= '0';
        cnt <= "1111111";
    elsif(clk = '1' and clk'event)then
        if(cnt = "1111111")then              -- 开始状态机
            cnt <= "0000000";
        elsif(cnt/ = "1110011")then
            cnt <= cnt + 1;
        end if;

        case cnt is                          -- 开始计算
            when "0000000" =>   -- 0
                m1 <= kt;
                m2 <= obj(352 to 383);

            when "0000111" =>   -- 7
                a1 <= obj(192 to 223);
                a2 <= m3;
                m2 <= obj(288 to 319);

            when "0001110" =>   -- 14
                dvx <= m3;
                m2 <= obj(320 to 351);

            when "0010100" =>   -- 20
                s <= a3;
                a1 <= a3;
                a2 <= (not a3(31))&pi2(30 downto 0);

            when "0010101" =>   -- 21
                dvy <= m3;
                m1 <= ke;
                m2 <= obj(288 to 319);

            when "0011110" =>   -- 30
                upd(160 to 191)<= m3;
                if(c3 = '1')then
                    s <= a3;
                    upd(64 to 95)<= a3;
                    m1 <= a3;
                    m2 <= a3;
                else
                    upd(64 to 95)<= s;
```

```
            m1 < = s;
            m2 < = s;
        end if;
        a1 < = obj(128 to 159);
        a2 < = dvx;

    when "0100101" = >   -- 37
        s2 < = m3;
        m1 < = k5;
        m2 < = m3;

    when "0101100" = >   -- 44
        upd(0 to 31)< = a3;
        a1 < = k3;
        a2 < = m3;
        m1 < = k4;

    when "0110011" = >   -- 51
        s4 < = m3;
        m1 < = ke;
        m2 < = obj(352 to 383);

    when "0110110" = >   -- 54
        s35 < = a3;
        a1 < = k2;
        a2 < = s4;

    when "0111010" = >   -- 58
        upd(224 to 255)< = m3;
        m1 < = s2;
        m2 < = s35;

    when "1000001" = >   -- 65
        a1 < = k1;
        a2 < = m3;
        m1 < = s2;
        m2 < = a3;

    when "1001000" = >   -- 72
        ss24 < = m3;
        m1 < = ke;
        m2 < = obj(320 to 351);

    when "1001011" = >   -- 75
        s135 < = a3;
        a1 < = k0;
        a2 < = ss24;

    when "1010101" = >   -- 85
        upd(96 to 127)< = a3;
        a1 < = m3;
        a2 < = kv;
        m1 < = s;
        m2 < = s135;
```

```vhdl
            when "1011111" =>    -- 95
                upd(128 to 159)<= m3;
                upd(192 to 223)<= a3;
                a1 <= obj(160 to 191);
                a2 <= dvy;

            when "1101001" =>    -- 105
                a1 <= a3;
                a2 <= ky;

            when "1110011" =>    -- 115
                upd(32 to 63)<= a3;
                res <= '1';                      -- 计算完成

            when others =>
          end case;
       end if;
    end process;
end rtl;
```

4. 相交判定模块

判断两个物体是否相交并给出相交产生的力和力矩。

```vhdl
 -- 判断物体是否相交的模块
library IEEE;
use IEEE.std_logic_1164.ALL;
use IEEE.std_logic_arith.ALL;
use IEEE.std_logic_unsigned.ALL;

entity cross is
    port(
        clk:in std_logic;                        -- 50MHZ
        rst:in std_logic;                        -- 复位
        obj1:in std_logic_vector(0 to 447);      -- objects 信息输入
        obj2:in std_logic_vector(0 to 447);      -- objects 信息输入

        ry1,ry2:out std_logic_vector(0 to 3);    -- rect A 和 rect B 是否有重叠

        res:out std_logic_vector(1 downto 0);
                                        -- 标识计算是否完成及是否与其他对象发生碰撞
        i1,i2:out std_logic_vector(31 downto 0); -- objects 的移动
        fx,fy,fs:out std_logic_vector(31 downto 0)  -- objects 受力的方向, fs = fx * fx + fy * fy
    );
end cross;

architecture rtl of cross is

    component mult7
        port(
            clock : IN STD_LOGIC ;
            dataa : IN STD_LOGIC_VECTOR (31 DOWNTO 0);
            datab : IN STD_LOGIC_VECTOR (31 DOWNTO 0);
```

```
                result : OUT STD_LOGIC_VECTOR (31 DOWNTO 0)
        );
end component;


component add
        port(
                clock : IN STD_LOGIC ;
                dataa : IN STD_LOGIC_VECTOR (31 DOWNTO 0);
                datab : IN STD_LOGIC_VECTOR (31 DOWNTO 0);
                result : OUT STD_LOGIC_VECTOR (31 DOWNTO 0)
        );
end component;


component com
        port(
                clock : IN STD_LOGIC ;
                dataa : IN STD_LOGIC_VECTOR (31 DOWNTO 0);
                datab : IN STD_LOGIC_VECTOR (31 DOWNTO 0);
                alb : OUT STD_LOGIC
        );
end component;


component direct is
        port(
                r:in std_logic_vector(0 to 3);
                cds,sic,cis,sdc:in std_logic_vector(31 downto 0);
                n,t:out std_logic_vector(1 downto 0);
                x,y:out std_logic_vector(31 downto 0)
        );
end component;
```

--情况 1: RECT and RECT(长方形与长方形)

--cnt:用计数器设计的状态机
--a, b, c, d:两个长方形的长和宽
--u1, v1:相对于 rect A, rect B 的中心坐标
--公式如下:
--cos(d) = cos(d1) * cos(d2) + sin(d1) * sin(d2)
--sin(d) = cos(d1) * sin(d2) - cos(d2) * sin(d1)
--lx = x2 - x1
--ly = y2 - y1
--u1 = lx * cos(d1) + ly * sin(d1)
--v1 = lx * - sin(d1) + ly * cos(d1)
--cds = c * cos(d) - d * sin(d)
--sic = c * sin(d) + d * cos(d)
--cis = c * cos(d) + d * sin(d)
--sdc = c * sin(d) - d * cos(d)
--uia = u1 + a
--uda = u1 - a
--vib = v1 + b
--vdb = v1 - b

--相对于 rect A, rect B 的四个顶点坐标:
--(u + cds, v + sic), (u - sdc, v - cis), (u - cds, v - sic), (u + sdc, v + cis)

-- r1: 判断公式, 即 rect B 是否和 rect A 有重叠
-- vertex 0
    -- uda < - cds < uia
    -- vdb < - sic < vib
-- vertex 1
    -- uda < cis < uia
    -- vdb < sdc < vib
-- vertex 2
    -- uda < cds < uia
    -- vdb < sic < vib
-- vertex 3
    -- uda < - cis < uia
    -- vib < - sdc < vdb

-- rn, rt, rx, ry: t Direct module 的输出信号

-- rect A 的四个方向的法向自然坐标, 即 (cos(d1), sin(d1)), (- sin(d1), cos(d1)), (- cos(d1), - sin(d1)), (sin(d1), - cos(d1)), rect B 类似

-- 如果 rect A 有顶点落入 rect B, 可以如下计算
    -- u2 = - lx * cos(d2) - ly * sin(d2)
    -- v2 = - lx * - sin(d2) - ly * cos(d2)
    -- cds = a * cos(d) + b * sin(d)
    -- sic = - a * sin(d) + b * cos(d)
    -- cis = a * cos(d) - b * sin(d)
    -- sdc = - a * sin(d) - b * cos(d)
    -- uic = u2 + c
    -- udc = u2 - c
    -- vid = v2 + d
    -- vdd = v2 - d

-- r2: 和 r1 类似, 计算 rect A 是否有顶点落在 rect B 内

-- 如果 rect B 有顶点落在 rect A 中, 但是没有 rect A 的顶点落在 rect B 中, 就做如下计算:
-- px, py: 从矩形 B 的中心到内顶点的向量的反向量(由 Direct module 给出)
-- adx = px - uda, rect A 右边到内顶点的距离
-- xda = uia - px, rect A 左边到内顶点的距离
-- bdy = py - vdb, rect A 上边到内顶点的距离
-- ydb = vib - py, rect A 底边到内顶点的距离
-- xa: t 判别式 adx < xda 的结果
-- yb: t 判别式 bdy < ydb 的结果
-- ab: t 判别式 min(adx, xda) < min(bdy, ydb) 的结果
    -- 根据 ab, xa, yb 的值, 可以判断与顶点最近的边:
    -- fx, fy: 对应边的法向量, fs = fx * fx + fy * fy = 1
    -- i2: 对应 ± px 或 ± py
    -- i1: 对应 ± u1 或 ± v1 减去 ± px 或 ± py

-- 如果有一个 rect A 的顶点在 rect B 内, 但是没有 rect B 的顶点在 rect A 内, 做如下计算:
-- qx, qy: 从 rect A 的中心到内顶点向量的反向量 (由 Direct module 输入)
-- cdx = qx - udc, rect B 右边到内顶点的距离
-- xdc = uic - qx, rect B 左边到内顶点的距离
-- ddy = qy - vdd, rect B 上边到内顶点的距离
-- ydd = vid - qy, rect B 底边到内顶点的距离
-- xc: 判别式 cdx < xdc 的结果

-- yd:判别式 ddy < ydd 的结果

-- cd: 判别式 min(cdx,xdc) < min(ddy,ydd)的结果

　　-- 同理, 可以确定 xc, yd, cd and fx, fy, fs, i1, i2

-- 如果 rect A 有顶点落在 rect B 内, 同时有 rect B 的顶点落在 rect A 内, 做如下计算:

-- min(min(adx, xda), min(ydb, bdy)) < min(min(cdx, xdc), min(ddy, ydd))

-- 根据计算结果, 选择上式中较大的值作为力的法线方向, 选择力的作用点在两顶点之间线段的中

-- 点上。然后计算距离和作用方向, 可能是 ± adx, ± xda, ± ydb, ± bdy, ± cdx, ± xdc, ± ddy,

-- ± ydd 中某个值的一半

-- 情况 2: CIRCLE and RECT(圆与长方形)

　　-- lx = x2 − x1

　　-- ly = y2 − y1

　　-- u = lx * cos(d1) + ly * sin(d1)

　　-- v = lx * − sin(d1) + ly * cos(d1)

　　-- u_a = |u| − a

　　-- v_b = |v| − b

-- 如果矩形与圆相交,但矩形的顶点不在圆内,则力的方向是与圆相交的边的法线方向, fs = 1, i2 = 0

-- 如果满足 u_a < 0 and v_b < r, when v < 0, 则矩形的下边缘与圆相交, i1 = −u

-- 如果满足 u_a < 0 and v_b < r, when v > 0, 则矩形的上边缘与圆相交, i1 = u

-- 如果满足 u_a < r and v_b < 0, when u < 0, 则矩形的左边缘与圆相交, i1 = −v

-- 如果满足 u_a < r and v_b < 0, when u > 0, 则矩形的右边缘与圆相交, i1 = v

-- 如果不满足上述条件,但满足 u_a < r and v_b < r, 表示圆可能与矩形的一个角相交:

　　-- i1 = sgn(u) * v * a − sgn(v) * u * b

　　-- fx = sgn(u) * u_a * cos(d1) − sgn(v) * v_b * sin(d1)

　　-- fy = sgn(u) * u_a * sin(d1) + sgn(v) * v_b * sin(d1)

　　-- fs = u_a * u_a + v_b * v_b

-- 情况 3: CIRCLE and CIRCLE(圆与圆)

　　-- 可以直接得出结果:

　　　　-- fx = x2 − x1

　　　　-- fy = y2 − y1

　　　　-- fs = (x2 − x1) * (x2 − x1) + (y2 − y1) * (y2 − y1)

　　　　-- i1 = i2 = 0

```vhdl
constant zero:std_logic_vector(31 downto 0): = "00000000000000000000000000000000";
constant one:std_logic_vector(31 downto 0): = "00111111110000000000000000000000";

signal cnt:integer range 0 to 511;
signal ty,n1,n2:std_logic_vector(1 downto 0);

signal r1,r2:std_logic_vector(0 to 3);
signal a1,a2,a3,m1,m2,m3,c1,c2,c4,c5:std_logic_vector(31 downto 0);
signal c3,c6:std_logic;

signal lx,ly,lc,ls,l_s,l_c:std_logic_vector(31 downto 0);
signal ss,cc,cab,sab:std_logic_vector(31 downto 0);
signal u1,v1,u2,v2:std_logic_vector(31 downto 0);
signal uda,uia,vib,vdb,uic,udc,vid,vdd:std_logic_vector(31 downto 0);
signal ds,cs,dc,cds,sic,cis,sdc:std_logic_vector(31 downto 0);
signal px,py,qx,qy:std_logic_vector(31 downto 0);
```

```vhdl
    signal xa, yb, xc, yd, ab, cd: std_logic;
    signal adx, xda, bdy, ydb, cdx, xdc, ddy, ydd: std_logic_vector(31 downto 0);

    signal lx2: std_logic_vector(31 downto 0);
    signal u, v, u_a, u_a2, u_ac, u_as, ub: std_logic_vector(31 downto 0);
    signal v_b, v_bc, v_bs: std_logic_vector(31 downto 0);
    signal u_ar: std_logic;

    signal r: std_logic_vector(0 to 3);
    signal rn, rt: std_logic_vector(1 downto 0);
    signal rx, ry: std_logic_vector(31 downto 0);

begin
    ty <= obj1(0)&obj2(0);

    cr1: add port map(clk, a1, a2, a3);
    cr2: mult7 port map(clk, m1, m2, m3);
    cr3: com port map(clk, c1, c2, c3);
    cr4: com port map(clk, c4, c5, c6);
    cr5: direct port map(r, cds, sic, cis, sdc, rn, rt, rx, ry);
    ry1 <= r1;
    ry2 <= r2;


    process(clk, rst)
    begin
        if(rst = '0')then                        --等待状态
            res <= "00";
            cnt <= 511;
        elsif(clk = '1' and clk'event)then
            if(cnt = 511)then                    --启动状态机
                cnt <= 0;
            elsif((ty = "00" and cnt/ = 345) or (ty = "01" and cnt/ = 113) or(ty = "11" and cnt/ = 43))then
                cnt <= cnt + 1;
            end if;

            if(ty = "00")then                    --判断两个长方形是否相交
                case cnt is
                    when 0 =>
                        m1 <= obj1(224 to 255);
                        m2 <= obj2(224 to 255);
                        a1 <= (not obj1(128))&obj1(129 to 159);
                        a2 <= obj2(128 to 159);

                    when 7 =>
                        cc <= m3;
                        m1 <= obj1(256 to 287);
                        m2 <= obj2(256 to 287);

                    when 10 =>
                        lx <= a3;
                        a1 <= (not obj1(160))&obj1(161 to 191);
                        a2 <= obj2(160 to 191);
```

```
when 14 = >
    ss < = m3;
    m1 < = lx;
    m2 < = obj1(224 to 255);

when 20 = >
    ly < = a3;
    a1 < = cc;
    a2 < = ss;

when 21 = >
    lc < = m3;
    m1 < = ly;
    m2 < = obj1(256 to 287);

when 30 = >
    cab < = a3;
    m1 < = obj1(224 to 255);
    m2 < = obj2(256 to 287);
    a1 < = lc;
    a2 < = m3;

when 40 = >
    cc < = m3;
    m1 < = obj1(256 to 287);
    m2 < = obj2(224 to 255);
    u1 < = a3;
    a1 < = a3;
    a2 < = obj1(64 to 95);

when 50 = >
    ss < = m3;
    m1 < = ly;
    m2 < = obj1(224 to 255);
    uia < = a3;
    a1 < = u1;
    a2 < = '1'&obj1(65 to 95);

when 60 = >
    lc < = m3;
    m1 < = lx;
    m2 < = obj1(256 to 287);
    uda < = a3;
    a1 < = cc;
    a2 < = (not ss(31))&ss(30 downto 0);

when 70 = >
    m1 < = obj2(64 to 95);
    m2 < = cab;
    sab < = a3;
    a1 < = lc;
    a2 < = (not m3(31))&m3(30 downto 0);

when 80 = >
```

```
            cc <= m3;
            m1 <= obj2(96 to 127);
            m2 <= sab;
            v1 <= a3;
            a1 <= a3;
            a2 <= obj1(96 to 127);

        when 90 =>
            ds <= m3;
            m1 <= obj2(64 to 95);
            m2 <= sab;
            vib <= a3;
            a1 <= v1;
            a2 <= '1'&obj1(97 to 127);

        when 100 =>
            cs <= m3;
            m1 <= obj2(96 to 127);
            m2 <= cab;
            vdb <= a3;
            a1 <= cc;
            a2 <= (not ds(31))&ds(30 downto 0);

        when 110 =>
            dc <= m3;
            m1 <= (not lx(31))&lx(30 downto 0);
            m2 <= obj2(224 to 255);
            cds <= a3;
            a1 <= cs;
            a2 <= m3;

            c1 <= uda;
            c2 <= (not a3(31))&a3(30 downto 0);
            c4 <= (not a3(31))&a3(30 downto 0);
            c5 <= uia;

        when 113 =>
            r1(0) <= c3 and c6;
            c1 <= uda;
            c2 <= cds;
            c4 <= cds;
            c5 <= uia;

        when 120 =>
            lc <= m3;
            m1 <= (not ly(31))&ly(30 downto 0);
            m2 <= obj2(256 to 287);
            sic <= a3;
            a1 <= cc;
            a2 <= ds;

            r1(2) <= c3 and c6;
            c1 <= vdb;
            c2 <= (not a3(31))&a3(30 downto 0);
```

```
            c4 <= (not a3(31))&a3(30 downto 0);
            c5 <= vib;

    when 123 =>
            r1(0)<= r1(0) and c3 and c6;
            c1 <= vdb;
            c2 <= sic;
            c4 <= sic;
            c5 <= vib;

    when 130 =>
            ls <= m3;
            m1 <= (not ly(31))&ly(30 downto 0);
            m2 <= obj2(224 to 255);
            cis <= a3;
            a1 <= cs;
            a2 <= (not dc(31))&dc(30 downto 0);

            r1(2)<= r1(2) and c3 and c6;
            c1 <= uda;
            c2 <= (not a3(31))&a3(30 downto 0);
            c4 <= (not a3(31))&a3(30 downto 0);
            c5 <= uia;

    when 133 =>
            r1(3)<= c3 and c6;
            c1 <= uda;
            c2 <= cis;
            c4 <= cis;
            c5 <= uia;

    when 140 =>
            l_c <= m3;
            m1 <= (not lx(31))&lx(30 downto 0);
            m2 <= obj2(256 to 287);
            sdc <= a3;
            a1 <= lc;
            a2 <= ls;

            r1(1)<= c3 and c6;
            c1 <= vdb;
            c2 <= (not a3(31))&a3(30 downto 0);
            c4 <= (not a3(31))&a3(30 downto 0);
            c5 <= vib;

    when 143 =>
            r1(3)<= r1(3) and c3 and c6;
            c1 <= vdb;
            c2 <= sdc;
            c4 <= sdc;
            c5 <= vib;

    when 150 =>
            l_s <= m3;
```

```
                    m1 < = obj1(64 to 95);
                    m2 < = cab;
                    u2 < = a3;
                    a1 < = a3;
                    a2 < = obj2(64 to 95);
                    r1(1)< = r1(1) and c3 and c6;

              when 153 = >
                    r < = r1;
              when 156 = >
                    n1 < = rn;

                    if(rn = "01")then
                        px < = rx;
                        py < = ry;

                    elsif(rn = "10")then
                        case rt is
                            when "00" = >
                                fx < = obj1(224 to 255);
                                fy < = obj1(256 to 287);
                                i1 < = (not v1(31))&v1(30 downto 0);
                            when "01" = >
                                fx < = (not obj1(256))&obj1(257 to 287);
                                fy < = obj1(224 to 255);
                                i1 < = u1;
                            when "10" = >
                                fx < = (not obj1(224))&obj1(225 to 255);
                                fy < = (not obj1(256))&obj1(257 to 287);
                                i1 < = v1;
                            when "11" = >
                                fx < = obj1(256 to 287);
                                fy < = (not obj1(224))&obj1(225 to 255);
                                i1 < = (not u1(31))&u1(30 downto 0);
                        end case;
                        res(0)< = '1';
                        i2 < = zero;
                        cnt < = 345;
                    end if;

              when 160 = >
                    cc < = m3;
                    m1 < = obj1(96 to 127);
                    m2 < = sab;
                    uic < = a3;
                    a1 < = u2;
                    a2 < = '1'&obj2(65 to 95);

              when 170 = >
                    ds < = m3;
                    m1 < = obj1(64 to 95);
                    m2 < = sab;
                    udc < = a3;
                    a1 < = l_c;
```

```
      a2 < = (not l_s(31))&l_s(30 downto 0);

 when 180 = >
      cs < = m3;
      m1 < = obj1(96 to 127);
      m2 < = cab;
      v2 < = a3;
      a1 < = a3;
      a2 < = obj2(96 to 127);

 when 190 = >
      dc < = m3;
      vid < = a3;
      a1 < = v2;
      a2 < = '1'&obj2(97 to 127);

 when 200 = >
      vdd < = a3;
      a1 < = cc;
      a2 < = ds;

 when 210 = >
      cds < = a3;
      a1 < = (not cs(31))&cs(30 downto 0);
      a2 < = dc;

      c1 < = udc;
      c2 < = (not a3(31))&a3(30 downto 0);
      c4 < = (not a3(31))&a3(30 downto 0);
      c5 < = uic;

 when 213 = >
      r2(0)< = c3 and c6;
      c1 < = udc;
      c2 < = cds;
      c4 < = cds;
      c5 < = uic;

 when 220 = >
      sic < = a3;
      a1 < = cc;
      a2 < = (not ds(31))&ds(30 downto 0);

      r2(2)< = c3 and c6;
      c1 < = vdd;
      c2 < = (not a3(31))&a3(30 downto 0);
      c4 < = (not a3(31))&a3(30 downto 0);
      c5 < = vid;

 when 223 = >
      r2(0)< = r2(0) and c3 and c6;
      c1 < = vdd;
      c2 < = sic;
      c4 < = sic;
```

```vhdl
                        c5 <= vid;

            when 230 = >
                        cis <= a3;
                        a1 <= (not cs(31))&cs(30 downto 0);
                        a2 <= (not dc(31))&dc(30 downto 0);

                        r2(2)<= r2(2) and c3 and c6;
                        c1 <= udc;
                        c2 <= (not a3(31))&a3(30 downto 0);
                        c4 <= (not a3(31))&a3(30 downto 0);
                        c5 <= uic;

            when 233 = >
                        r2(3)<= c3 and c6;
                        c1 <= udc;
                        c2 <= cis;
                        c4 <= cis;
                        c5 <= uic;

            when 240 = >
                        sdc <= a3;
                        a1 <= px;
                        a2 <= (not uda(31))&uda(30 downto 0);

                        r2(1)<= c3 and c6;
                        c1 <= vdd;
                        c2 <= (not a3(31))&a3(30 downto 0);
                        c4 <= (not a3(31))&a3(30 downto 0);
                        c5 <= vid;

            when 243 = >
                        r2(3)<= r2(3) and c3 and c6;
                        c1 <= vdd;
                        c2 <= sdc;
                        c4 <= sdc;
                        c5 <= vid;

            when 250 = >
                        adx <= a3;
                        a1 <= uia;
                        a2 <= (not px(31))&px(30 downto 0);

                        r2(1)<= r2(1) and c3 and c6;

            when 253 = >
                        r <= r2;
            when 256 = >
                        n2 <= rn;
                        if(rn = "01")then
                            qx <= rx;
                            qy <= ry;

                        elsif(rn = "10")then
```

```
            case rt is
                when "00" =>
                    fx <= (not obj2(224))&obj2(225 to 255);
                    fy <= (not obj2(256))&obj2(257 to 287);
                    i2 <= v2;
                when "01" =>
                    fx <= obj2(256 to 287);
                    fy <= (not obj2(224))&obj2(225 to 255);
                    i2 <= (not u2(31))&u2(30 downto 0);
                when "10" =>
                    fx <= obj2(224 to 255);
                    fy <= obj2(256 to 287);
                    i2 <= (not v2(31))&v2(30 downto 0);
                when "11" =>
                    fx <= (not obj2(256))&obj2(257 to 287);
                    fy <= obj2(224 to 255);
                    i2 <= u2;
            end case;
            res(0) <= '1';
            i1 <= zero;
            cnt <= 345;
        end if;

when 260 =>
    xda <= a3;
    a1 <= py;
    a2 <= (not vdb(31))&vdb(30 downto 0);

    c1 <= adx;
    c2 <= a3;

when 270 =>
    bdy <= a3;
    a1 <= vib;
    a2 <= (not py(31))&py(30 downto 0);

    xa <= c3;
    if(c3 = '1')then
        c1 <= adx;
    else
        c1 <= xda;
    end if;

when 280 =>
    ydb <= a3;
    a1 <= qx;
    a2 <= (not udc(31))&udc(30 downto 0);
    c4 <= bdy;
    c5 <= a3;

when 290 =>
    cdx <= a3;
    a1 <= uic;
    a2 <= (not qx(31))&qx(30 downto 0);
```

```vhdl
        yb < = c6;
        if(c6 = '1')then
            c2 < = bdy;
        else
            c2 < = ydb;
        end if;

    when 300 = >
        xdc < = a3;
        a1 < = qy;
        a2 < = (not vdd(31))&vdd(30 downto 0);

        ab < = c3;
        c1 < = cdx;
        c2 < = a3;

    when 310 = >
        ddy < = a3;
        a1 < = vid;
        a2 < = (not qy(31))&qy(30 downto 0);

        xc < = c3;
        if(c3 = '1')then
            c1 < = cdx;
        else
            c1 < = xdc;
        end if;

    when 320 = >
        ydd < = a3;
        c4 < = ddy;
        c5 < = a3;

    when 323 = >
        yd < = c6;
        if(c6 = '1')then
            c2 < = ddy;
        else
            c2 < = ydd;
        end if;

    when 326 = >
        cd < = c3;
        if(ab = '1')then
            if(xa = '1')then
                c1 < = adx;
            else
                c1 < = xda;
            end if;
        else
            if(yb = '1')then
                c1 < = bdy;
            else
```

```
                         c1 < = ydb;
                    end if;
               end if;
          if(c3 = '1')then
               if(xc = '1')then
                    c2 < = cdx;
               else
                    c2 < = xdc;
               end if;
          else
               if(yd = '1')then
                    c2 < = ddy;
               else
                    c2 < = ydd;
               end if;
          end if;


     when 330 = >
          if(n1 = "01" and n2 = "00")then
               if(ab = '1')then
                    fx < = (xa xor (not obj1(224)))&obj1(225 to 255);
                    fy < = (xa xor (not obj1(256)))&obj1(257 to 287);
                    i2 < = (xa xor py(31))&py(30 downto 0);
                    a1 < = (xa xor v1(31))&v1(30 downto 0);
                    a2 < = (xa xor (not py(31)))&py(30 downto 0);
               else
                    fx < = (yb xor obj1(256))&obj1(257 to 287);
                    fy < = (yb xor (not obj1(224)))&obj1(225 to 255);
                    i2 < = (yb xor px(31))&px(30 downto 0);
                    a1 < = (yb xor (not u1(31)))&u1(30 downto 0);
                    a2 < = (yb xor px(31))&px(30 downto 0);
               end if;

          elsif(n1 = "00" and n2 = "01") then
               if(cd = '1')then
                    fx < = (xc xor obj2(224))&obj2(225 to 255);
                    fy < = (xc xor obj2(256))&obj2(257 to 287);
                    i1 < = (xc xor (not qy(31)))&qy(30 downto 0);
                    a1 < = (xc xor (not v2(31)))&v2(30 downto 0);
                    a2 < = (xc xor qy(31))&qy(30 downto 0);
               else
                    fx < = (yd xor (not obj2(256)))&obj2(257 to 287);
                    fy < = (yd xor obj2(224))&obj2(225 to 255);
                    i1 < = (yd xor (not qx(31)))&qx(30 downto 0);
                    a1 < = (yd xor u2(31))&u2(30 downto 0);
                    a2 < = (yd xor (not qx(31)))&qx(30 downto 0);
               end if;

          elsif (n1 = "01" and n2 = "01") then
               if(c3 = '0')then
                    if(ab = '1')then
                         fx < = (xa xor (not obj1(224)))&obj1(225 to 255);
                         fy < = (xa xor (not obj1(256)))&obj1(257 to 287);
                    else
```

```vhdl
                                fx < = (yb xor obj1(256))&obj1(257 to 287);
                                fy < = (yb xor (not obj1(224)))&obj1(225 to 255);
                            end if;
                    else
                        if(cd = '1')then
                                fx < = (xc xor obj2(224))&obj2(225 to 255);
                                fy < = (xc xor obj2(256))&obj2(257 to 287);
                        else
                                fx < = (yd xor (not obj2(256)))&obj2(257 to 287);
                                fy < = (yd xor obj2(224))&obj2(225 to 255);
                        end if;
                    end if;

                    if(ab = '1')then
                        if(v1(31) = '1')then
                                i1 < = (not xa)&(bdy(30 downto 23) - 1)&bdy(22 downto 0);
                        else
                                i1 < = xa&(ydb(30 downto 23) - 1)&ydb(22 downto 0);
                        end if;
                    else
                        if(u1(31) = '1')then
                                i1 < = yb&(adx(30 downto 23) - 1)&adx(22 downto 0);
                        else
                                i1 < = (not yb)&(xda(30 downto 23) - 1)&xda(22 downto 0);
                        end if;
                    end if;

                    if(cd = '1')then
                        if(v2(31) = '1')then
                                i2 < = xc&(ddy(30 downto 23) - 1)&ddy(22 downto 0);
                        else
                                i2 < = (not xc)&(ydd(30 downto 23) - 1)&ydd(22 downto 0);
                        end if;
                    else
                        if(u2(31) = '1')then
                                i2 < = (not yd)&(cdx(30 downto 23) - 1)&cdx(22 downto 0);
                        else
                                i2 < = yd&(xdc(30 downto 23) - 1)&xdc(22 downto 0);
                        end if;
                    end if;

                    res(0)< = '1';
                end if;

        when 340 = >
            if(n1 = "01" and n2 = "00")then
                i1 < = a3;
                res(0)< = '1';
            elsif(n1 = "00" and n2 = "01")then
                i2 < = a3;
                res(0)< = '1';
            end if;

        when 345 = >
```

```
                fs < = one;
                res(1)< = '1';               -- 完成计算

            when others = >
        end case;
    elsif(ty = "01")then                     -- 判断长方形和圆是否相交
        case cnt is
            when 0 = >
                i2 < = zero;
                a1 < = (not obj1(128))&obj1(129 to 159);
                a2 < = obj2(128 to 159);

            when 10 = >
                lx < = a3;
                m1 < = a3;
                m2 < = obj1(224 to 255);
                a1 < = (not obj1(160))&obj1(161 to 191);
                a2 < = obj2(160 to 191);

            when 20 = >
                ly < = a3;
                a1 < = m3;
                m1 < = a3;
                m2 < = obj1(256 to 287);

            when 27 = >
                a2 < = m3;
                m1 < = lx;
                m2 < = obj1(256 to 287);

            when 34 = >
                ls < = m3;
                m1 < = ly;
                m2 < = obj1(224 to 255);

            when 37 = >
                u < = a3;
                a1 < = '0'&a3(30 downto 0);
                a2 < = (not obj1(64))&obj1(65 to 95);

            when 41 = >
                lc < = m3;
                m1 < = u;
                m2 < = obj1(96 to 127);

            when 47 = >
                u_a < = a3;
                a1 < = (not ls(31))&ls(30 downto 0);
                a2 < = lc;
                c1 < = a3;
                c2 < = obj2(64 to 95);

            when 48 = >
                ub < = m3;
```

```vhdl
            m1 < = u(31)&u_a(30 downto 0);
            m2 < = obj1(224 to 255);

        when 55 = >
            u_ac < = m3;
            m2 < = obj1(256 to 287);

        when 57 = >
            v < = a3;
            a1 < = '0'&a3(30 downto 0);
            a2 < = (not obj1(96))&obj1(97 to 127);

        when 62 = >
            u_as < = m3;
            m1 < = v;
            m2 < = obj1(64 to 95);

        when 67 = >
            u_ar < = c3;
            v_b < = a3;
            c1 < = a3;
            c2 < = obj2(64 to 95);

        when 69 = >
            m1 < = v(31)&v_b(30 downto 0);
            m2 < = obj1(224 to 255);
            a1 < = (v(31) xor (not ub(31)))&ub(30 downto 0);
            a2 < = (u(31) xor m3(31))&m3(30 downto 0);

        when 70 = >
            if(c3 = '1' and u_ar = '1')then
                if(u_a(31) = '1')then
                    if(v(31) = '1')then
                        i1 < = (not u(31))&u(30 downto 0);
                        fx < = obj1(256 to 287);
                        fy < = (not obj1(224))&obj1(225 to 255);
                    else
                        i1 < = u;
                        fx < = (not obj1(256))&obj1(257 to 287);
                        fy < = obj1(224 to 255);
                    end if;
                    fs < = one;
                    res(0)< = '1';
                    cnt < = 113;
                elsif(v_b(31) = '1')then
                    if(u(31) = '1')then
                        i1 < = v;
                        fx < = (not obj1(224))&obj1(225 to 255);
                        fy < = (not obj1(256))&obj1(257 to 287);
                    else
                        i1 < = (not v(31))&v(30 downto 0);
                        fx < = obj1(224 to 255);
                        fy < = obj1(256 to 287);
                    end if;
```

```
                            fs < = one;
                            res(0)< = '1';
                            cnt < = 113;
                        end if;
                    elsif(c3 = '0' and u_ar = '0')then
                        cnt < = 113;
                    end if;

            when 76 = >
                v_bc < = m3;
                m2 < = obj1(256 to 287);

            when 79 = >
                i1 < = a3;
                a1 < = u_as;
                a2 < = v_bc;

            when 84 = >
                v_bs < = m3;
                m1 < = u_a;
                m2 < = u_a;

            when 89 = >
                fy < = a3;
                a1 < = u_ac;
                a2 < = (not v_bs(31))&v_bs(30 downto 0);

            when 91 = >
                u_a2 < = m3;
                m1 < = v_b;
                m2 < = v_b;

            when 99 = >
                fx < = a3;
                a1 < = u_a2;
                a2 < = m3;

            when 109 = >
                fs < = a3;
                c1 < = a3;
                c2 < = obj2(96 to 127);

            when 112 = >
                res(0)< = c3;

            when 113 = >
                res(1)< = '1';          -- 完成计算

            when others = >
        end case;
    elsif(ty = "11")then                -- 判断两个圆是否相交
        case cnt is
            when 0 = >
                i1 < = zero;
```

```
                              i2 <= zero;
                              a1 <= (not obj1(128))&obj1(129 to 159);
                              a2 <= obj2(128 to 159);

                         when 10 =>
                              fx <= a3;
                              m1 <= a3;
                              m2 <= a3;
                              a1 <= (not obj1(160))&obj1(161 to 191);
                              a2 <= obj2(160 to 191);

                         when 20 =>
                              fy <= a3;
                              lx2 <= m3;
                              m1 <= a3;
                              m2 <= a3;
                              a1 <= obj1(64 to 95);
                              a2 <= obj2(64 to 95);

                         when 30 =>
                              m1 <= a3;
                              m2 <= a3;
                              a1 <= lx2;
                              a2 <= m3;

                         when 40 =>
                              fs <= m3;
                              c1 <= a3;
                              c2 <= m3;

                         when 43 =>
                              res <= '1'&c3;              -- 完成判断

                         when others =>
                      end case;
                 end if;
           end if;
       end process;
end rtl;
```

5. 判交模块的辅助计算模块

即 direct.vhd，为判交模块提供简化计算的渠道。

```
library IEEE;
use IEEE.std_logic_1164.ALL;
use IEEE.std_logic_arith.ALL;
use IEEE.std_logic_unsigned.ALL;

entity direct is
    port(
        r:in std_logic_vector(0 to 3); -- rect A 与 rect B 四个角相交的条件(每一位为 0 或 1)
        cds,sic,cis,sdc:in std_logic_vector(31 downto 0);
```

```
        n,t:out std_logic_vector(1 downto 0);
        -- n: rect B 与 rect A 相交的角个数, 即 vector r 中 1 的个数

        -- t: 若 n = 2, 这给出了 rect B 相对于 rect A 的方向, 可以用 rect A 的坐标系确定
        -- rect B 的两个顶点的坐标
            -- t = "00": 向右, x 坐标为正
            -- t = "01": 向上, y 坐标为正
            -- t = "10": 向左, x 坐标为负
            -- t = "11": 向下, y 坐标为负
        x,y:out std_logic_vector(31 downto 0)
        -- x, y :若 n = 1, 基于 rect A 的坐标系, 可以给出 rect B 从中心点到交点的反方向
        -- r = "1000": 顶点在右上角, x = - cds, y = - sic
        -- r = "0100": 顶点在左上角, x = cis, y = sdc
        -- r = "0010": 顶点在左下角, x = cds, y = sic
        -- r = "0001": 顶点在右下角, x = - cis, y = - sdc
    );
end direct;


architecture rtl of direct is

    constant zero:std_logic_vector(31 downto 0): = "00000000000000000000000000000000";


begin
    process(r,cds,sic,cis,sdc)
    begin
        case r is
            when "1000" = >
                n < = "01";
                x < = (not cds(31))&cds(30 downto 0);
                y < = (not sic(31))&sic(30 downto 0);
                t < = "00";

            when "0100" = >
                n < = "01";
                x < = cis;
                y < = sdc;
                t < = "00";

            when "0010" = >
                n < = "01";
                x < = cds;
                y < = sic;
                t < = "00";

            when "0001" = >
                n < = "01";
                x < = (not cis(31))&cis(30 downto 0);
                y < = (not sdc(31))&sdc(30 downto 0);
                t < = "00";

            when "1100" = >
                n < = "10";
                if(cds(31) = cis(31))then
                    t < = (not sic(31))&'1';
```

```vhdl
        else
            t < = (not cds(31))&'0';
        end if;
        x < = zero;
        y < = zero;

    when "0110" = >
        n < = "10";
        if(cis(31) = cds(31))then
            t < = cis(31)&'0';
        else
            t < = sdc(31)&'1';
        end if;
        x < = zero;
        y < = zero;

    when "0011" = >
        n < = "10";
        if(cds(31) = cis(31))then
            t < = sic(31)&'1';
        else
            t < = cds(31)&'0';
        end if;
        x < = zero;
        y < = zero;

    when "1001" = >
        n < = "10";
        if(cis(31) = cds(31))then
            t < = (not cis(31))&'0';
        else
            t < = (not sdc(31))&'1';
        end if;
        x < = zero;
        y < = zero;

    when others = >
        n < = "00";
        x < = zero;
        y < = zero;
        t < = "00";
        end case;
    end process;
end rtl;
```

6. 碰撞处理模块

处理两个物体发生的碰撞事件，返回碰撞后两个物体的运动情况。

```vhdl
library IEEE;
use IEEE.std_logic_1164.ALL;
use IEEE.std_logic_arith.ALL;
use IEEE.std_logic_unsigned.ALL;
```

```vhdl
-- obj: (1/m, a, b, x, y, t, sint, cost, v_x, v_y, w, f, 1/j)
entity equation is
    port(
        clk:in std_logic;                              -- 50MHz 时钟
        rst:in std_logic;                              -- 使能端

        obj1:in std_logic_vector(0 to 447);            -- 对象 1
        obj2:in std_logic_vector(0 to 447);            -- 对象 2

        i1,i2:in std_logic_vector(31 downto 0);        -- 移动量
        fx,fy,fs:in std_logic_vector(31 downto 0);     -- 力的矢量,其中 fs = fx * fx + fy * fy

        res:out std_logic_vector(3 downto 0);          -- 标识着计算完成的信号
        r1,r2:out std_logic_vector(0 to 95)            -- 计算结果,包括 v1x', v1y', w1', v2x', v2y', w2'
    );
end equation;

architecture rtl of equation is
    component mult7
        port(
            clock : IN STD_LOGIC ;
            dataa : IN STD_LOGIC_VECTOR (31 DOWNTO 0);
            datab : IN STD_LOGIC_VECTOR (31 DOWNTO 0);
            result : OUT STD_LOGIC_VECTOR (31 DOWNTO 0)
        );
    end component;

    component add
        port(
            clock : IN STD_LOGIC ;
            dataa : IN STD_LOGIC_VECTOR (31 DOWNTO 0);
            datab : IN STD_LOGIC_VECTOR (31 DOWNTO 0);
            result : OUT STD_LOGIC_VECTOR (31 DOWNTO 0)
        );
    end component;

    component div
        port(
            clock : IN STD_LOGIC ;
            dataa : IN STD_LOGIC_VECTOR (31 DOWNTO 0);
            datab : IN STD_LOGIC_VECTOR (31 DOWNTO 0);
            result : OUT STD_LOGIC_VECTOR (31 DOWNTO 0)
        );
    end component;

    component com
        port(
            clock : IN STD_LOGIC ;
            dataa : IN STD_LOGIC_VECTOR (31 DOWNTO 0);
            datab : IN STD_LOGIC_VECTOR (31 DOWNTO 0);
            alb : OUT STD_LOGIC
        );
    end component;
```

```vhdl
signal cnt:std_logic_vector(7 downto 0);
signal m1,m2,m3:std_logic_vector(31 downto 0);
signal a1,a2,a3:std_logic_vector(31 downto 0);
signal d1,d2,d3:std_logic_vector(31 downto 0);
signal c1,c2:std_logic_vector(31 downto 0);
signal c3:std_logic;

signal iw1,iw2,dvx,dvy,vfx,vfy,sm:std_logic_vector(31 downto 0);
signal fx_m1,fx_m2,fy_m1,fy_m2:std_logic_vector(31 downto 0);
signal i1_j1,i2_j2,i12_j1,i22_j2,mfs:std_logic_vector(31 downto 0);
signal dv1x,dv1y,dw1,dv2x,dv2y,dw2:std_logic_vector(31 downto 0);

-- 重要信号的计算公式如下
    -- k = 2 * ((v2x - v1x) * fx + (v2y - v1y) * fy + i2 * w2 - i1 * w1)
    -- /((_m1 + _m2) * fs + i1 * i1 * _j1 + i2 * i2 * _j2)
    -- v1x' = v1x + fx * _m1 * k
    -- v1y' = v1y + fy * _m1 * k
    -- w1' = w1 + i1 * _j1 * k
    -- v2x' = v2x - fx * _m2 * k
    -- v2y' = v2y - fx * _m2 * k
    -- w2' = w2 - i2 * _j2 * k

begin

    e1:mult7 port map(clk,m1,m2,m3);
    e2:add port map(clk,a1,a2,a3);
    e3:div port map(clk,d1,d2,d3);
    e4:com port map(clk,c1,c2,c3);


    process(clk,rst)
    begin
        if(rst = '0')then                   -- 等待状态
            res <= "0000";
            cnt <= "11111111";
        elsif(clk = '1' and clk'event)then
            if(cnt = "11111111")then         -- 启动状态机
                cnt <= "00000000";
            elsif(cnt/ = "10111001")then
                cnt <= cnt + 1;
            end if;

            case cnt is                      -- 开始计算
                when "00000000" =>    -- 0
                    a1 <= (not obj1(288))&obj1(289 to 319);
                    a2 <= obj2(288 to 319);
                    m1 <= i2;
                    m2 <= obj2(352 to 383);

                when "00000111" =>   -- 7
                    iw2 <= m3;
                    m1 <= i1;
                    m2 <= obj1(352 to 383);

                when "00001010" =>   -- 10
```

```vhdl
        dvx <= a3;
        a1 <= (not obj1(320))&obj1(321 to 351);
        a2 <= obj2(320 to 351);

    when "00001110" =>    -- 14
        iw1 <= m3;
        m1 <= dvx;
        m2 <= fx;

    when "00010100" =>    -- 20
        dvy <= a3;
        a1 <= obj1(32 to 63);
        a2 <= obj2(32 to 63);

    when "00010101" =>    -- 21
        vfx <= m3;
        m1 <= dvy;
        m2 <= fy;

    when "00011100" =>    -- 28
        vfy <= m3;
        m1 <= i1;
        m2 <= obj1(416 to 447);

    when "00011110" =>    -- 30
        sm <= a3;
        a1 <= vfx;
        a2 <= vfy;

    when "00100011" =>    -- 35
        i1_j1 <= m3;
        m1 <= m3;
        m2 <= i1;

    when "00101000" =>    -- 40
        a1 <= a3;
        a2 <= iw2;

    when "00101010" =>    -- 42
        i12_j1 <= m3;
        m1 <= i2;
        m2 <= obj2(416 to 447);

    when "00110001" =>    -- 49
        i2_j2 <= m3;
        m1 <= m3;
        m2 <= i2;

    when "00110010" =>    -- 50
        a1 <= a3;
        a2 <= (not iw1(31))&iw1(30 downto 0);

    when "00111000" =>    -- 56
        i22_j2 <= m3;
```

```vhdl
                    m1 <= sm;
                    m2 <= fs;

          when "00111100" =>    -- 60
                    d1 <= a3(31)&(a3(30 downto 23) + 1)&a3(22 downto 0);
                    a1 <= i12_j1;
                    a2 <= i22_j2;

          when "00111111" =>    -- 63
                    mfs <= m3;
                    m1 <= fx;
                    m2 <= obj1(32 to 63);

          when "01000110" =>    -- 70
                    a1 <= a3;
                    a2 <= mfs;
                    fx_m1 <= m3;
                    m1 <= fy;
                    m2 <= obj1(32 to 63);

          when "01001101" =>    -- 77
                    fy_m1 <= m3;
                    m1 <= fx;
                    m2 <= obj2(32 to 63);

          when "01010000" =>    -- 80
                    d2 <= a3;

          when "01010100" =>    -- 84
                    fx_m2 <= m3;
                    m1 <= fy;
                    m2 <= obj2(32 to 63);

          when "01011011" =>    -- 91
                    if(d3(31) = '1')then
                        cnt <= "10111001";
                    end if;
                    fy_m2 <= m3;
                    m1 <= d3;
                    m2 <= fx_m1;

          when "01100010" =>    -- 98
                    dv1x <= m3;
                    a1 <= m3;
                    a2 <= obj1(288 to 319);
                    m1 <= d3;
                    m2 <= fy_m1;

          when "01101001" =>    -- 105
                    dv1y <= m3;
                    m1 <= d3;
                    m2 <= i1_j1;

          when "01101100" =>    -- 108
```

```
                r1(0 to 31)< = a3;
                a1 < = dv1y;
                a2 < = obj1(320 to 351);

        when "01110000" = >   -- 112
                dw1 < = m3;
                m1 < = d3;
                m2 < = (not fx_m2(31))&fx_m2(30 downto 0);

        when "01110110" = >   -- 118
                r1(32 to 63)< = a3;
                a1 < = dw1;
                a2 < = obj1(352 to 383);

        when "01110111" = >   -- 119
                dv2x < = m3;
                m1 < = d3;
                m2 < = (not fy_m2(31))&fy_m2(30 downto 0);

        when "01111110" = >   -- 126
                dv2y < = m3;
                m1 < = d3;
                m2 < = (not i2_j2(31))&i2_j2(30 downto 0);

        when "10000000" = >   -- 128
                r1(64 to 95)< = a3;
                a1 < = dv2x;
                a2 < = obj2(288 to 319);

        when "10001010" = >   -- 138
                r2(0 to 31)< = a3;
                a1 < = dv2y;
                a2 < = obj2(320 to 351);

        when "10010100" = >   -- 148
                r2(32 to 63)< = a3;
                a1 < = m3;
                a2 < = obj2(352 to 383);

        when "10011110" = >   -- 158
                r2(64 to 95)< = a3;
                a1 < = '0'&dv1x(30 downto 0);
                a2 < = '0'&dv1y(30 downto 0);

    -- 判断对象能否承受力
        when "10101000" = >   -- 168
                c1 < = obj1(384 to 415);
                c2 < = a3;
                a1 < = '0'&dv2x(30 downto 0);
                a2 < = '0'&dv2y(30 downto 0);

        when "10110010" = >   -- 178
                res(0)< = c3;
                c1 < = obj2(384 to 415);
```

```
                                    c2 <= a3;

                    when "10110101" =>    -- 181
                        res(1)<= c3;
                        res(3)<= '1';

                    when "10111001" =>    -- 185
                        res(2)<= '1';              -- 完成计算

                    when others =>
                end case;
            end if;
        end process;

end rtl;
```

7. 初始化模块

初始化关卡里的物体信息。

```
library IEEE;
use IEEE.std_logic_1164.ALL;
use IEEE.std_logic_arith.ALL;
use IEEE.std_logic_unsigned.ALL;

entity initial is
    port(
        clk:in std_logic;
        rst:in std_logic;                       -- 复位
        num:in std_logic_vector(1 downto 0);    -- 级别号输入
        res:out std_logic;                      -- 计算完成信号
        obj:out std_logic_vector(0 to 447)      -- 对象信息信号
    );
end initial;

architecture rtl of initial is
    signal c1:integer range 0 to 511;
    signal c2,c3,c4:integer range 0 to 15;
    signal flag:std_logic;
    signal address:std_logic_vector(9 downto 0);
    signal q:std_logic_vector(31 downto 0);

    component obj_rom
        PORT(
            address : IN STD_LOGIC_VECTOR (9 DOWNTO 0);
            clock : IN STD_LOGIC ;
            q : OUT STD_LOGIC_VECTOR (31 DOWNTO 0)
        );
    END component;

begin
    rom:obj_rom port map(address,clk,q);

    -- 此状态机初始化一个级别的初始状态
```

```
    process(clk,rst)
    begin
        if(rst = '0')then                        -- 等待状态
            res < = '0';
            c1 < = 0;
            c2 < = 0;
            c3 < = 0;
            c4 < = 0;
            flag < = '1';
            obj < = (others = >'0');
        elsif(clk'event and clk = '1')then
            if(flag = '1')then                   -- 启动状态机
                flag < = '0';
                case num is                      -- 从 obj_rom 中的相应地址读取信息
                    when "00" = > address < = "0000000000";
                    when "01" = > address < = "0010011010";
                    when "10" = > address < = "0100110100";
                    when "11" = > address < = "0111001110";
                end case;
            elsif(c3 = 11)then                   -- 完成初始化
                res < = '1';
            elsif(c1 = 448)then
                if(c2 = 13)then
                    c1 < = 0;
                    c3 < = c3 + 1;
                else
                    c2 < = c2 + 1;
                end if;
            elsif(c4 = 2)then                    -- 从 ROM 中逐个读取浮点数
                obj(c1 to c1 + 31)< = q;
                c1 < = c1 + 32;
                address < = address + 1;
                c4 < = 0;
                c2 < = 0;
            else
                c4 < = c4 + 1;      -- ROM 模块使用 25MHz 时钟,所以需要将 50MHz 的时钟频率减半
            end if;
        end if;
    end process;
end rtl;
```

8. 图像绘制模块

根据坐标和当前逻辑模块的信息判断颜色,以供 VGA 使用。

```
library     ieee;
use         ieee.std_logic_1164.all;
use         ieee.std_logic_unsigned.all;
use         ieee.std_logic_arith.all;

entity drawer is
    port(
            vga_state : in std_logic_vector(1 downto 0);        -- VGA 的状态
            clk : in std_logic;                                 -- 时钟
```

```vhdl
        rgb : out STD_LOGIC_vector(8 downto 0);              -- 颜色信号 (r & g & b)
        vector_x : in std_LOGIC_VECTOR(9 downto 0);          -- VGA 当前扫描的 x 坐标
        vector_y : in std_logic_vector(8 downto 0);          -- VGA 当前扫描的 y 坐标
        address_g1 : out std_logic_vector(147 downto 0);     -- 图片地址
        q_g1 : in std_logic_vector(9 downto 0);              -- 图片输出
        graph: in std_logic_vector(319 downto 0);            -- 图片信息
        address_pic: out std_logic_vector(35 downto 0);      -- 鸟/猪的地址
        q_pic: in std_logic_vector(23 downto 0)              -- 鸟/猪的输出
    );
end drawer;

architecture behavior of drawer is
    signal r1,g1,b1 : std_logic_vector(2 downto 0);
    signal dx1,dx2,dx3,dx4,dx5,dx6,dx7,dx8,dx9,dx10 : std_logic_vector(9 downto 1);
    signal dy1,dy2,dy3,dy4,dy5,dy6,dy7,dy8,dy9,dy10 : std_logic_vector(8 downto 1);
    signal dxa,dxb,dxc :std_logic_vector(9 downto 0);
    signal dya,dyb,dyc :std_logic_vector(8 downto 0);

begin
        rgb <= r1 & g1 & b1;

            process(clk)                                     -- 根据 VGA 当前扫描的坐标计算颜色
            begin
                if vga_state(1) = '1' and rising_edge(clk) then   -- 如果 vga_state(1) = 1,
                                                                  -- 表示游戏在进行中
                    -- 背景色
                    if vector_y < 440 then
                        r1 <= "100";
                        g1 <= "110";
                        b1 <= "111";
                    else
                        r1 <= "101";
                        g1 <= "111";
                        b1 <= "100";
                    end if;
                    if vector_x >= 120 and vector_x < 130 and vector_y > 330 and vector_y <= 445
then
                        r1 <= "000";
                        g1 <= "000";
                        b1 <= "000";
                    end if;
                    -- object1
                    if graph(30) = '1' and ((vector_x(9 downto 1) + 32 >= graph(19 downto
11)) and (vector_x(9 downto 1) < graph(19 downto 11) + 32))
                        and ((vector_y(8 downto 1) + 32 >= graph(9 downto 1)) and (vector_y(8
downto 1) < graph(9 downto 1) + 32)) then
                            dx1 <= vector_x(9 downto 1) - graph(19 downto 11) + 32;
                            dy1 <= vector_y(8 downto 1) - graph(8 downto 1) + 32;
                            address_g1(11 downto 0) <= dy1(6 downto 1) & dx1(6 downto 1);
                            if q_g1(0) = '1' then                -- 鸟的图片
                                dxa <= vector_x(9 downto 0) - graph(19 downto 10) + 32;
                                dya <= vector_y(8 downto 0) - graph(8 downto 0) + 32;
                                address_pic(11 downto 0) <= dya(5 downto 0) & dxa(5 downto 0);
                                r1 <= q_pic(7 downto 5);
```

```
                         g1 <= q_pic(4 downto 2);
                         b1 <= q_pic(1 downto 0) & '0';
                    end if;
                end if;
                -- object2
                if graph(62) = '1' and ((vector_x(9 downto 1) + 32 >= graph(51 downto
43)) and (vector_x(9 downto 1) < graph(51 downto 43) + 32))
                    and ((vector_y(8 downto 1) + 32 >= graph(41 downto 33)) and (vector_y(8
downto 1) < graph(41 downto 33) + 32)) then
                         dx2 <= vector_x(9 downto 1) - graph(51 downto 43) + 32;
                         dy2 <= vector_y(8 downto 1) - graph(40 downto 33) + 32;
                         address_g1(23 downto 12) <= dy2(6 downto 1) & dx2(6 downto 1);
                         if q_g1(1) = '1' then           -- 猪的图片
                             dxb <= vector_x(9 downto 0) - graph(51 downto 42) + 32;
                             dyb <= vector_y(8 downto 0) - graph(40 downto 32) + 32;
                             address_pic(23 downto 12) <= dyb(5 downto 0) & dxb(5 downto 0);
                             r1 <= q_pic(15 downto 13);
                             g1 <= q_pic(12 downto 10);
                             b1 <= q_pic(9 downto 8) & '0';
                         end if;
                    end if;
                    -- object3
                    if graph(94) = '1' and ((vector_x(9 downto 1) + 32 >= graph(83 downto
75)) and (vector_x(9 downto 1) < graph(83 downto 75) + 32))
                    and ((vector_y(8 downto 1) + 32 >= graph(73 downto 65)) and (vector_y(8
downto 1) < graph(73 downto 65) + 32)) then
                         dx3 <= vector_x(9 downto 1) - graph(83 downto 75) + 32;
                         dy3 <= vector_y(8 downto 1) - graph(72 downto 65) + 32;
                         address_g1(35 downto 24) <= dy3(6 downto 1) & dx3(6 downto 1);
                         if q_g1(2) = '1' then           -- 猪的图片
                             dxc <= vector_x(9 downto 0) - graph(83 downto 74) + 32;
                             dyc <= vector_y(8 downto 0) - graph(72 downto 64) + 32;
                             address_pic(35 downto 24) <= dyc(5 downto 0) & dxc(5 downto 0);
                             r1 <= q_pic(23 downto 21);
                             g1 <= q_pic(20 downto 18);
                             b1 <= q_pic(17 downto 16) & '0';
                         end if;
                    end if;
                    -- object4
                    if graph(126) = '1' and ((vector_x(9 downto 1) + 32 >= graph(115 downto
107)) and (vector_x(9 downto 1) < graph(115 downto 107) + 32))
                    and ((vector_y(8 downto 1) + 32 >= graph(105 downto 97)) and (vector_y
(8 downto 1) < graph(105 downto 97) + 32)) then
                         dx4 <= vector_x(9 downto 1) - graph(115 downto 107) + 32;
                         dy4 <= vector_y(8 downto 1) - graph(104 downto 97) + 32;
                         address_g1(51 downto 36) <= graph(119 downto 116) & dy4(6 downto 1) &
dx4(6 downto 1);
                         if q_g1(3) = '1' then           -- 木头图片
                             r1 <= "101";
                             g1 <= "100";
                             b1 <= "000";
                         end if;
                    end if;
                    -- object5
```

```vhdl
                    if graph(158) = '1'and ((vector_x(9 downto 1) + 32 >= graph(147 downto
139)) and (vector_x(9 downto 1) < graph(147 downto 139) + 32))
                        and ((vector_y(8 downto 1) + 32 >= graph(137 downto 129)) and (vector_
y(8 downto 1) < graph(137 downto 129) + 32)) then
                            dx5 <= vector_x(9 downto 1) - graph(147 downto 139) + 32;
                            dy5 <= vector_y(8 downto 1) - graph(136 downto 129) + 32;
                            address_g1(67 downto 52) <= graph(151 downto 148) & dy5(6 downto 1) &
dx5(6 downto 1);
                        if q_g1(4) = '1'then              --木头图片
                            r1 <= "101";
                            g1 <= "100";
                            b1 <= "000";
                        end if;
                    end if;
                    --object6
                    if graph(190) = '1'and ((vector_x(9 downto 1) + 32 >= graph(179 downto
171)) and (vector_x(9 downto 1) < graph(179 downto 171) + 32))
                        and ((vector_y(8 downto 1) + 32 >= graph(169 downto 161)) and (vector_
y(8 downto 1) < graph(169 downto 161) + 32)) then
                            dx6 <= vector_x(9 downto 1) - graph(179 downto 171) + 32;
                            dy6 <= vector_y(8 downto 1) - graph(168 downto 161) + 32;
                            address_g1(83 downto 68) <= graph(183 downto 180) & dy6(6 downto 1) &
dx6(6 downto 1);
                        if q_g1(5) = '1'then              --石头图片
                            r1 <= "011";
                            g1 <= "100";
                            b1 <= "101";
                        end if;
                    end if;
                    --object7
                    if graph(222) = '1'and ((vector_x(9 downto 1) + 32 >= graph(211 downto
203)) and (vector_x(9 downto 1) < graph(211 downto 203) + 32))
                        and ((vector_y(8 downto 1) + 32 >= graph(201 downto 193)) and (vector_
y(8 downto 1) < graph(201 downto 193) + 32)) then
                            dx7 <= vector_x(9 downto 1) - graph(211 downto 203) + 32;
                            dy7 <= vector_y(8 downto 1) - graph(200 downto 193) + 32;
                            address_g1(99 downto 84) <= graph(215 downto 212) & dy7(6 downto 1) &
dx7(6 downto 1);
                        if q_g1(6) = '1'then              --石头图片
                            r1 <= "011";
                            g1 <= "100";
                            b1 <= "101";
                        end if;
                    end if;
                    --object8
                    if graph(254) = '1'and ((vector_x(9 downto 1) + 32 >= graph(243 downto
235)) and (vector_x(9 downto 1) < graph(243 downto 235) + 32))
                        and ((vector_y(8 downto 1) + 32 >= graph(233 downto 225)) and (vector_
y(8 downto 1) < graph(233 downto 225) + 32)) then
                            dx8 <= vector_x(9 downto 1) - graph(243 downto 235) + 32;
                            dy8 <= vector_y(8 downto 1) - graph(232 downto 225) + 32;
                            address_g1(115 downto 100) <= graph(247 downto 244) & dy8(6 downto
1) & dx8(6 downto 1);
                        if q_g1(7) = '1'then              --玻璃图片
                            r1 <= "100";
```

```
                                    g1 <= "101";
                                    b1 <= "111";
                                end if;
                            end if;
                        -- object9
                        if graph(286) = '1' and ((vector_x(9 downto 1) + 32 >= graph(275 downto
267)) and (vector_x(9 downto 1) < graph(275 downto 267) + 32))
                        and ((vector_y(8 downto 1) + 32 >= graph(265 downto 257)) and (vector_
y(8 downto 1) < graph(265 downto 257) + 32)) then
                            dx9 <= vector_x(9 downto 1) - graph(275 downto 267) + 32;
                            dy9 <= vector_y(8 downto 1) - graph(264 downto 257) + 32;
                            address_g1(131 downto 116) <= graph(279 downto 276) & dy9(6 downto
1) & dx9(6 downto 1);
                            if q_g1(8) = '1' then                -- 玻璃图片
                                r1 <= "100";
                                g1 <= "101";
                                b1 <= "111";
                            end if;
                        end if;
                        -- object10
                        if graph(318) = '1' and ((vector_x(9 downto 1) + 32 >= graph(307 downto
299)) and (vector_x(9 downto 1) < graph(307 downto 299) + 32))
                        and ((vector_y(8 downto 1) + 32 >= graph(297 downto 289)) and (vector_
y(8 downto 1) < graph(297 downto 289) + 32)) then
                            dx10 <= vector_x(9 downto 1) - graph(307 downto 299) + 32;
                            dy10 <= vector_y(8 downto 1) - graph(296 downto 289) + 32;
                            address_g1(147 downto 132) <= graph(311 downto 308) & dy10(6 downto
1) & dx10(6 downto 1);
                            if q_g1(9) = '1' then                -- 玻璃图片
                                r1 <= "100";
                                g1 <= "101";
                                b1 <= "111";
                            end if;
                        end if;
                    end if;
                end process;

end behavior;
```

第五篇

华山绝学篇——音视频处理

"料敌机先,有进无退,攻敌之不得不守,终成以无招胜有招",华山派令狐冲所学独孤九剑以九破为心法总纲,数设江湖上中,概音视频处理能与之比肩。

音视频处理者,顾名思义,即利用FPGA驱动外部音视频设备(如音频处理芯片、摄像头等),完成某项功能设计。在此过程中,"料敌机先,有进无退"即指要事先掌握外设的数据手册,而"攻敌之不得不守,终成以无招胜有招",则是说攻克外设特性后,就能随意驱动它。

第12章

武功七 体感经典雷电之 摄像头处理

🔑 12.1 江湖传言

要说起最近数设江湖上讨论最多的一门武功,那肯定就是指利用有限的 FPGA 资源,在外接简陋的摄像头基础上,设计一款以摄像头为主要输入载体的飞行射击闯关游戏。它要求实现如下功能。

(1) 摄像头能够定位游戏者的掌心位置,屏幕上的光标随掌心移动。

(2) 光标将用一架飞机模型表示,代表我方飞机。

(3) 游戏有启动画面,驶入中心黑洞后进入游戏,生命耗尽后有结束画面。

(4) 游戏过程中应能随时暂停。

(5) 敌方飞机在遵循一定规律的基础上随机出动,且随游戏进行火力增强。

(6) 实现生命值、炸弹数量、计分板等功能。

(7) 飞机撞击后、被击落后应有爆炸效果。

(8) 关卡,即击落当前场景的 Boss 后进入下一场景。

于是,就有高人采用 OV7670 摄像头作为输入设备。摄像头输入模块由硬件控制器子模块,摄像头捕获子模块和输入辅助子模块组成,如图 12-1 所示。硬件控制器子模块(CAMERA CONTROLLER)利用 OV 公司提供的 SCCB(Serial Camera Controller Bus)接口与摄像头通信,对摄像头进行设置;摄像头捕获子模块(CAMERA CAPTURE)负责对摄像头传来的数字信号进行处理,将视频信号转化成掌心的位置坐标(如图 12-2 所示);输入辅助子模块(TIME AVERAGER)负责在时间跨度上对掌心的位置坐标取平均,将稳定的掌心位置坐标输出到逻辑模块。

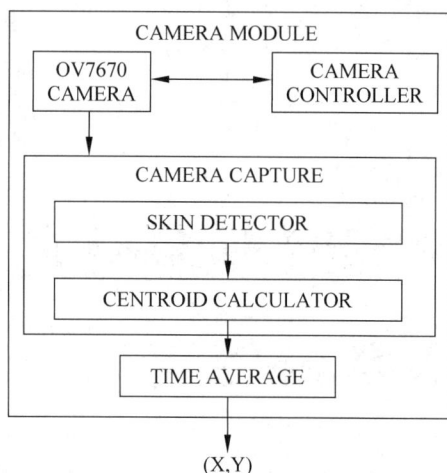

图 12-1 摄像头模块图

图 12-2 视频信号转化为掌心位置坐标

🔑 12.2 武功招式

一门武功一般由招式和口诀组成,二者缺一不可。数设江湖里的武功,招式尤指实验所用到的基础知识,而口诀则是实验中遇到的问题及解决办法。摄像头处理这门武功,招式虽不多,却招招直抵对手要害。

1. 硬件控制器子模块

硬件控制器子模块由寄存器设置器及 SCCB 接口(I^2C 协议)发送器组成。寄存器设置器里储存有需要设置的摄像头寄存器地址和对应的数值,为 SCCB 接口发送器提供设置数据;SCCB 接口发送器负责控制与摄像头通信的时序关系(如图 12-3 所示),使其服从 I^2C通信协议。

2. 摄像头捕获子模块

摄像头捕获子模块将串行输入的视频信号转化成掌心坐标。在上电之后,硬件控制器迅速把摄像头设置为 640×480 分辨率的标准 VGA 输入模式,并采用采样比为 $4:2:2$ 的YCbCr 颜色格式。标准 VGA 输入模式类似 VGA 输出模式。如图 12-4 所示,VGA 输入的

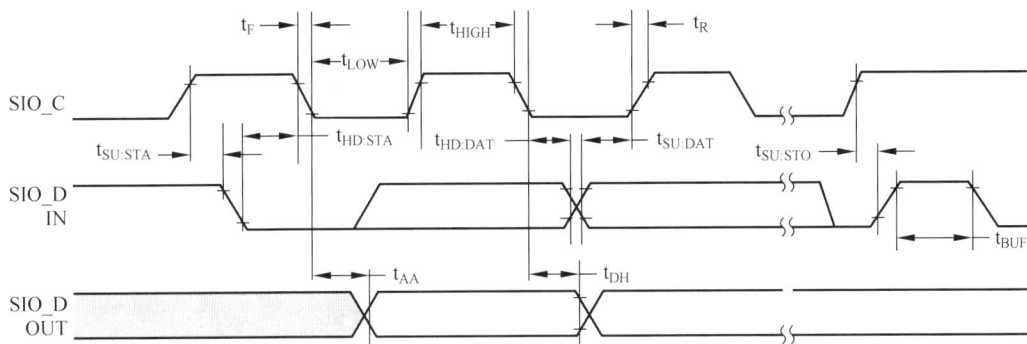

图 12-3　SCCB 通信时序图

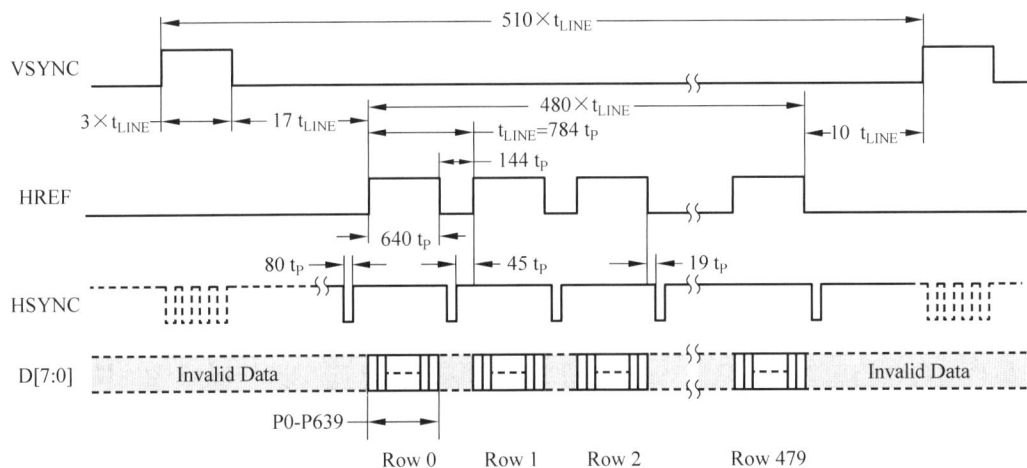

NOTE:
For Raw data, $t_P = t_{PCLK}$
For YUV/RGB, $t_P = 2 \times t_{PCLK}$

图 12-4　VGA 时序图

每一帧包含 480 行有效数据和 30 行的消隐区,其中帧同步信号(VSYNC:拉高代表新一帧开始)为高占据了 3 行的消隐区,接着是 17 行的消隐区,然后才是连续的 480 个有效行,最后还有 10 行的消隐区。VGA 输入的每个有效行包括 640 个有效像素数据和 144 个消隐区像素,行参考信号(HREF)拉高时像素数据有效,采集数据;拉低时进入消隐区,停止采集数据。像素时钟信号(PCLK)控制着捕获模块的工作周期,即当像素时钟为上升沿且行参考信号为高时采集一个像素的数据。每个像素有 8 位数据,其中 4 位是 Y,另外 4 位是 Cb 或 Cr(Cb 和 Cr 的采样频率较低,相邻两个像素共享 Cb 和 Cr)。

　　将视频输入信号转化为掌心坐标分为两步,首先对每个像素,通过检测其颜色是否在肤色区间[$64 < Y < 192, 77 < Cb < 127, 133 < Cr < 173$]内来判断它是否为手掌的一部分,其次对所有颜色在肤色区间内的像素计算它们的重心,最后得出掌心的坐标。这个肤色区间只是一个经过试验后得出的经验值,并不能保证不错不漏,在黑色背景下表现良好;计算重心并不需要记录下每个满足条件像素的坐标值,而是直接把这些像素的横纵坐标加到累加器中,在一帧结束时再除以像素总数,就可以得到这帧的掌心坐标。

　　然而由于摄像头质量及采样噪点的原因,通过以上步骤得到的掌心坐标会有抖动的问题,这时候就需要一个输入辅助子模块来协助解决此问题。

3. 输入辅助子模块

输入辅助子模块相当于一个 8 位的移位寄存器,每当新一帧的掌心坐标被计算出来后,新坐标进入寄存器,同时计算寄存器中所有坐标的平均值,得到一个稳定的平均掌心位置,然后传给游戏逻辑模块。此模块相当于在时间跨度上对掌心坐标取平均,消除了摄像头采样随机误差的影响。

🔑 12.3　心法口诀

写摄像头捕获模块时发现,图像的最后一两行经常性地不被刷新。经过多次调试发现原因在于摄像头输入的数据不符合 Datasheet 中的时序要求,在每一个有效行中行参考信号 HREF 为高的时间大于 640 个时钟周期(指像素时钟,下同),每一帧图像中有效行的数量也不都等于 480,导致程序经常将消隐区无效的像素数据当作有效像素来处理,所以图像的最后一两行有时候不被刷新。后来强制程序只采集前 480 个有效行,每个有效行中只采集前 640 个像素点,问题终于解决。

另外直接通过视频输入信号计算得到的掌心坐标抖动得十分厉害,极大地降低了游戏性。在找到现有的解决方案前曾经尝试过对原视频信号做一次下采样后再取平均,希望像素点变大能减少抖动,然而效果并不好。后来想到了取平均能在一定程度上消除随机误差,便加了一个移位寄存器,每次取前几次得到的掌心坐标的平均值作为游戏输入,效果非常好。

此外在控制 VGA 显示时需要将控制 SRAM 的信号和相关的中间变量和游戏的逻辑分离,尤其是对于寻址地址的赋值。同时,由于游戏逻辑复杂,寄存器使用较多,需要适当裁减不必要的信号、并设法减少信号与信号之间的交互。

🔑 12.4　自我修炼

1. 模块间的接口和自定义类型

```
-- 定义 common 包,规范模块间的接口及自定义类型
package common is
    -------------------
    -- VGA 和逻辑 --
    -------------------
    constant k_addr_width : integer : = 19;
    constant k_bullet_width : integer : = 8;
    constant k_player_width : integer : = 32;
    constant k_enemies_t1_width : integer : = 64;
    constant k_enemies_t2_width : integer : = 32;
    constant k_enemies_t3_width : integer : = 32;
    constant k_enemies_t4_width : integer : = 128;
```

```vhdl
constant k_players_num : integer : = 1;
constant k_enemies_t1_num : integer : = 2;
constant k_enemies_t2_num : integer : = 3;
constant k_enemies_t3_num : integer : = 3;
constant k_enemies_t4_num : integer : = 1;
constant k_friendly_bullet_num : integer : = 5;
constant k_small_hostile_bullet_num : integer : = 8;
constant k_boss_hostile_bullet_num : integer : = 3;
constant k_hostile_bullet_num : integer : =
    k_small_hostile_bullet_num + k_boss_hostile_bullet_num;
constant k_bombs_num : integer : = 4;

type plane_t is record
        x : std_logic_vector(9 downto 0);
        y : std_logic_vector(8 downto 0);

 --z 值的含义:
 --"00" : 消失
 --"10" : 轻微损坏
 --"11" : 正常呈现
        z : std_logic_vector(1 downto 0);
    end record;
type planes_t is array(natural range <>) of plane_t;

type bullet_t is record
        x : std_logic_vector(9 downto 0);
        y : std_logic_vector(8 downto 0);

--z = '1'时呈现
        z : std_logic;
    end record;
type bullets_t is array(natural range <>) of bullet_t;

type bomb_t is record
        x : std_logic_vector(9 downto 0);

--z = '1'时呈现
        z : std_logic;
    end record;
type bombs_t is array(natural range <>) of bomb_t;

type bomb_nums_t is array(natural range <>) of
    std_logic_vector(1 downto 0);

type life_nums_t is array(natural range <>) of
    std_logic_vector(3 downto 0);

component vga is
    port(
        -------------------------
        --游戏逻辑接口--
        -------------------------
        picture : in std_logic;
```

```vhdl
-- 玩家数值
players : in planes_t(0 to k_players_num - 1);

-- 每个玩家的生命值范围均为 0 至 15
life_nums : in life_nums_t(0 to k_players_num - 1);

-- 玩家发射的子弹
friendly_bullets : in
    bullets_t(0 to k_friendly_bullet_num - 1);

-- 炸弹
bombs : in bombs_t(0 to k_bombs_num - 1);

-- 每个玩家拥有的炸弹数
bomb_nums : in bomb_nums_t(0 to k_players_num - 1);

-- 不同敌人的数组
enemies_t1 : in planes_t(0 to k_enemies_t1_num - 1);
enemies_t2 : in planes_t(0 to k_enemies_t2_num - 1);
enemies_t3 : in planes_t(0 to k_enemies_t3_num - 1);
enemies_t4 : in planes_t(0 to k_enemies_t4_num - 1);

-- 敌人的子弹
hostile_bullets : in
    bullets_t(0 to k_hostile_bullet_num - 1);

-- 要显的场景:
-- "00"：起始菜单
-- "01"：游戏中
-- "11"：游戏结束
-- others：游戏过程
scene : in std_logic_vector(1 downto 0);

-- 综合范围从 0 至 65535
score : in std_logic_vector(15 downto 0);

------------------
-- VGA 接口 --
------------------

-- 100M 时钟,硬复位
clk_0, reset : in std_logic;
-- 同步信号
hs, vs : out std_logic;
-- 颜色信号
r, g, b : out std_logic_vector(2 downto 0);

------------------
-- SRAM 接口 --
------------------

data : inout std_logic_vector(31 downto 0);
addr : out std_logic_vector(k_addr_width - 1 downto 0);
rw : out std_logic_vector(1 downto 0);
cs : out std_logic;
```

```vhdl
        );
    end component;


    ---------------------
    -- 输入和逻辑 --
    ---------------------

    constant k_input_min_x : integer := 20;
    constant k_input_max_x : integer := 620;
    constant k_input_min_y : integer := 40;
    constant k_input_max_y : integer := 440;



    component cam4hand is
        port (
            -- 控制器:
            sioc : out std_logic;
            siod : out std_logic;
            xclk : out std_logic;
            rst : out std_logic;
            pwdn : out std_logic;

            -- 捕获:
            pclk : in std_logic;
            vsync : in std_logic;
            href : in std_logic;
            data : in std_logic_vector(7 downto 0);

            -- 其他信号:
            reset : in std_logic;
            clk100 : in std_logic;              -- 100M

            -- 输出:
            xavg : out integer;
            yavg : out integer
        );
    end component;

end common;
```

2. 摄像头输入顶层模块

```vhdl
entity cam4hand is
    port (
        -- 控制器
        sioc : out std_logic;
        siod : inout std_logic;
        xclk : out std_logic;
        rst : out std_logic;
        pwdn : out std_logic;

        -- 捕获
        pclk : in std_logic;
```

```vhdl
            vsync : in std_logic;
            href : in std_logic;
            data : in std_logic_vector(7 downto 0);

            reset : in std_logic;
            clk100 : in std_logic;

            xavg : out integer;
            yavg : out integer
        );
    end cam4hand;

architecture cam4hand_bhv of cam4hand is
    -- Centroid coordinate
    signal xcent : integer;
    signal ycent : integer;


    signal clk50 : std_logic;
    signal clk_c : std_logic;

    component cam_ctrl2
        port (
            clk50 : in std_logic;
            sioc : out std_logic;
            siod : inout std_logic;
            xclk : out std_logic;
            pwdn : out std_logic
        );
    end component;

    component cent_avg
        port (
            xcent : in integer;
            ycent : in integer;
            xavg : out integer;
            yavg : out integer;
            clk_c : in std_logic
        );
    end component;

    component cam_capt3
    port (
        pclk : in std_logic;
        vsync : in std_logic;
        href : in std_logic;
        data : in std_logic_vector(7 downto 0);
        xcent : out integer;
        ycent : out integer;
        clk_c : out std_logic
    );
    end component;
begin
    camera_controller : cam_ctrl2 port map (
```

```
        clk50 => clk50,
        sioc => sioc,
        siod => siod,
        xclk => xclk,
        pwdn => pwdn
    );

    camera_capture : cam_capt3 port map (
        pclk => pclk,
        vsync => vsync,
        href => href,
        data => data,
        xcent => xcent,
        ycent => ycent,
        clk_c => clk_c
    );

    averager : cent_avg port map (
        xcent => xcent,
        ycent => ycent,
        xavg => xavg,
        yavg => yavg,
        clk_c => clk_c
    );

    process(clk100)
    begin
        if (clk100'event and clk100 = '1') then
            clk50 <= not clk50;
        end if;
    end process;

    rst <= reset;
end cam4hand_bhv;
```

3. 硬件控制器子模块

硬件控制器子模块由寄存器设置器及 SCCB 接口(I^2C 协议)发送器组成。

```
entity cam_ctrl2 is
    port (
        clk50 : in std_logic;
        sioc : out std_logic;
        siod : inout std_logic;
        -- 摄像头时钟
        xclk : out std_logic;
        -- 电源关闭(为'0'时工作)
        pwdn : out std_logic
    );
end cam_ctrl2;

architecture cam_ctrl2_bhv of cam_ctrl2 is
    component cam_reg
        port (
```

```vhdl
        clk50 : in std_logic;
        advance : in std_logic;
        command : out std_logic_vector(15 downto 0);
        finished : out std_logic
    );
end component;
component i2c_sender is
    port (
        clk50 : in std_logic;
        siod : inout std_logic;
        sioc : out std_logic;
        taken : out std_logic;
        send : in std_logic;
        id : in std_logic_vector(7 downto 0);
        reg : in std_logic_vector(7 downto 0);
        value : in std_logic_vector(7 downto 0)
    );
end component;
signal sys_clk : std_logic := '0';
signal command : std_logic_vector(15 downto 0);
signal finished : std_logic := '0';
signal taken : std_logic := '0';
signal send : std_logic;
-- 参考数据手册第 10 页最上面的描述
constant camera_address : std_logic_vector(7 downto 0) : = x"42";
begin
    send <= not finished;
    i2c: i2c_sender port map (
        clk50 => clk50,
        taken => taken,
        siod => siod,
        sioc => sioc,
        send => send,
        id => camera_address,
        reg => command(15 downto 8),
        value => command(7 downto 0)
    );

    pwdn <= '0';
    xclk <= sys_clk;

    camera_register: cam_reg PORT MAP(
        clk50 => clk50,
        advance => taken,
        command => command,
        finished => finished
    );

    process(clk50)
    begin
        if rising_edge(clk50) then
            sys_clk <= not sys_clk;
        end if;
    end process;
```

```
end cam_ctrl2_bhv;
```

4. 寄存器设置器

```
-- 寄存器设置器里存储了需要设置的摄像头寄存器地址和对应的数值,
-- 为 SCCB 接口发送器提供设置数据
entity cam_reg is
    port (
        clk50 : in std_logic;
        advance : in std_logic;
        -- 命令中包含地址和数值
        command : out std_logic_vector(15 downto 0);
        finished : out std_logic
    );
end cam_reg;

architecture cam_reg_bhv of cam_reg is
    signal cmd : std_logic_vector(15 downto 0);
    signal addr : std_logic_vector(7 downto 0) : = (others = > '0');
begin
    command < = cmd;
    with cmd select finished  < = '1' when x"FFFF", '0' when others;

    process(clk50)
    begin
        if rising_edge(clk50) then
            if advance = '1' then
                addr < = std_logic_vector(unsigned(addr) + 1);
            end if;

            case addr is
                -- 复位后默认值为 1280
                when x"00" = > cmd < = x"1280";
                when x"01" = > cmd < = x"1280";
                when others = > cmd < = x"ffff";
            end case;
        end if;
    end process;
end cam_reg_bhv;
```

5. 摄像头信号捕获及处理

```
-- SCCB 接口(I2C 协议)发送器
entity i2c_sender is
    port (
        clk50 : in std_logic;
        siod : inout std_logic;
        sioc : out std_logic;
        taken : out std_logic;
        -- 如果没发完则 send = 1
        send : in std_logic;
        -- 摄像头 id
        id : in std_logic_vector(7 downto 0);
```

```vhdl
                    -- 地址
            reg : in std_logic_vector(7 downto 0);
                    -- 值
            value : in std_logic_vector(7 downto 0)
        );
    end i2c_sender;

    architecture i2c_sender_bhv of i2c_sender is
        signal counter : unsigned(7 downto 0) : = "00000001";
        signal busy_sr : std_logic_vector(31 downto 0) : = (others => '0');
        signal data_sr : std_logic_vector(31 downto 0) : = (others => '1');
    begin
        process(busy_sr, data_sr(31))
        begin
            if busy_sr(11 downto 10) = "10" or
                busy_sr(20 downto 19) = "10" or
                busy_sr(29 downto 28) = "10" then
                    siod <= 'Z';
            else
                    siod <= data_sr(31);
            end if;
        end process;

        process(clk50)
        begin
        -- 以下状态机遵照 I2C 标准
            if rising_edge(clk50) then
                taken <= '0';
                if busy_sr(31) = '0' then
                    sioc <= '1';
                    if send = '1' then
                        if counter = "00000000" then
                            data_sr <= "100" &    id & '0'   &   reg & '0' & value & '0' & "01";
                            busy_sr <= "111" & "111111111" & "111111111" & "111111111" & "11";
                            taken <= '1';
                        else
                            counter <= counter + 1;
                        end if;
                    end if;
                else
                    case busy_sr(31 downto 29) & busy_sr(2 downto 0) is
                        when "111"&"111" =>
                            case counter(7 downto 6) is
                                when "00" => sioc <= '1';
                                when "01" => sioc <= '1';
                                when "10" => sioc <= '1';
                                when others => sioc <= '1';
                            end case;
                        when "111"&"110" =>
                            case counter(7 downto 6) is
                                when "00" => sioc <= '1';
                                when "01" => sioc <= '1';
                                when "10" => sioc <= '1';
                                when others => sioc <= '1';
```

```vhdl
                    end case;
            when "111"&"100" =>
                case counter(7 downto 6) is
                    when "00" => sioc <= '0';
                    when "01" => sioc <= '0';
                    when "10" => sioc <= '0';
                    when others => sioc <= '0';
                end case;
            when "110"&"000" =>
                case counter(7 downto 6) is
                    when "00" => sioc <= '0';
                    when "01" => sioc <= '1';
                    when "10" => sioc <= '1';
                    when others => sioc <= '1';
                end case;
            when "100"&"000" =>
                case counter(7 downto 6) is
                    when "00" => sioc <= '1';
                    when "01" => sioc <= '1';
                    when "10" => sioc <= '1';
                    when others => sioc <= '1';
                end case;
            when "000"&"000" =>
                case counter(7 downto 6) is
                    when "00" => sioc <= '1';
                    when "01" => sioc <= '1';
                    when "10" => sioc <= '1';
                    when others => sioc <= '1';
                end case;
            when others =>
                case counter(7 downto 6) is
                    when "00" => sioc <= '0';
                    when "01" => sioc <= '1';
                    when "10" => sioc <= '1';
                    when others => sioc <= '0';
                end case;
        end case;
        if counter = "11111111" then
            busy_sr <= busy_sr(30 downto 0) & '0';
            data_sr <= data_sr(30 downto 0) & '1';
            counter <= (others => '0');
        else
            counter <= counter + 1;
        end if;
    end if;
    end if;
    end process;
end i2c_sender_bhv;
```

6. 摄像头信号捕获及处理

```vhdl
-- 将串行输入的视频信号转化成掌心坐标
entity cam_capt3 is
```

```vhdl
        port (
            -- 像素时钟
            pclk : in std_logic;
            -- 垂直同步信号
            vsync : in  std_logic;
            -- 水平参考信号
            href : in std_logic;
            -- data in
            data : in std_logic_vector(7 downto 0);
            -- 中心点的 x,y 值
            xcent : out integer;
            ycent : out integer;
            clk_c : out std_logic
        );
    end cam_capt3;

    architecture cam_capt3_bhv of cam_capt3 is
        signal y1 : integer;
        signal u : integer;
        signal v : integer;
        signal x : integer range 0 to 650;
        signal y : integer range 0 to 500;
        -- 老的 vsync 信号
        signal vold : std_logic;
        -- 老的 href 信号
        signal hold : std_logic;
        signal dtype : std_logic_vector(1 downto 0);

        signal re : std_logic;

    -- 累加值
        signal xsum : integer range 0 to 2147483647 : = 0;
        signal ysum : integer range 0 to 2147483647 : = 0;
        signal num  : integer range 0 to 307200: = 0;

-- 包含两步. 先判断某像素是否为手掌的一部分,
-- 再计算属于手掌部分的像素的重心,最后得出掌心坐标
begin
    process(pclk)
    begin
        if (pclk' event and pclk = '1') then
            if (vsync = '1' and vold = '0') then
                -- 计算质心
                if (num > = 30) then
                    xcent <= xsum / num;
                    ycent <= ysum / num;
                end if;
                -- 清除所有缓冲区和索引
                xsum <= 0;
                ysum <= 0;
                num <= 0;
                x <= 0;
                y <= 0;
                hold <= '0';
```

```
                    dtype <= "00";
                    re <= '1';
                    clk_c <= '1';
             elsif (href = '1' and re = '1') then
    -- 数据流遵循 YCbCr 格式
                -- dtype : 00 -> 01 -> 10 -> 11 -> 00
                --              U -> Y -> V -> Y -> U
                --      x : 0 ~ 639
                --      y : 0 ~ 479
                if (dtype = "00") then
                    u <= conv_integer(data);
                elsif (dtype = "01") then
                    y1 <= conv_integer(data);
                elsif (dtype = "10") then
                    v <= conv_integer(data);
                elsif (dtype = "11") then
                    if (u > 77) and (u < 127) and (v > 133) and (v < 173) and (y1 > 64) and (y1 <
192) then
                -- 累加 x 和 y, 直到人手的颜色范围
            xsum <= xsum + x;
                        ysum <= ysum + y;
                        num <= num + 1;
                    end if;
                    x <= x + 2;
                end if;
                dtype <= dtype + 1;
                hold <= '1';
                if (x > 639) then re <= '0'; end if;
             elsif (href = '0' and hold = '1') then
                dtype <= "00";
                x <= 0;
                y <= y + 1;
                re <= '1';
                hold <= '0';
                clk_c <= '0';
             end if;
             vold <= vsync;
        end if;
    end process;
end cam_capt3_bhv;
```

武功八 VOICE++之音频处理

🔑 13.1 江湖传言

多年以前,Face++甫一出现便名震武林。如今江湖又有传言,一门名为 VOICE++的武功很是厉害,仅音频处理这一招,更是引来诸多慕名者。

所谓 VOICE++声纹识别系统,主要功能是根据声音识别说话者,并且完成相关任务(LED 灯显示对应人声编号)。声纹技术是目前比较流行且新型的识别技术,很多人都利用软件平台实现了此技术,但硬件还很少有人涉足。通过试验箱上的 FPGA 芯片与外设 WM8731 音频芯片的链接,实现了声纹识别的效果,如图 13-1 所示。

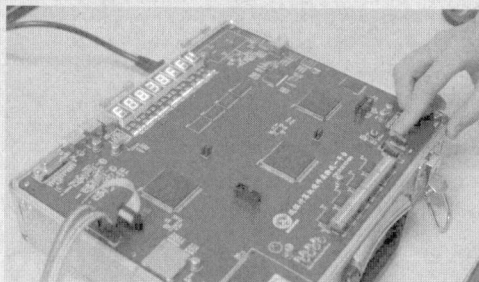

图 13-1 声纹识别硬件系统

🔑 13.2 武功招式

音频处理这一招,招式复杂,需认真研习。

本设计主要用到了 Wolfson Microelectronics 公司生产的一款低功耗高品质双声道数字信号编/解码芯片 WM8731,以及控制该语音芯片工作的 FPGA 器件 EP2C35F672C6。

语音编/解码芯片 WM8731 是一款低功耗的高品质双声道数字信号编/解码芯片,其高性能耳机驱动器、低功耗设计、可控采样频率、可选择的滤波器使得 WM8731 芯片广泛应用于便携式 MP3 和 CD 播放器。其结构框图如图 13-2 所示。

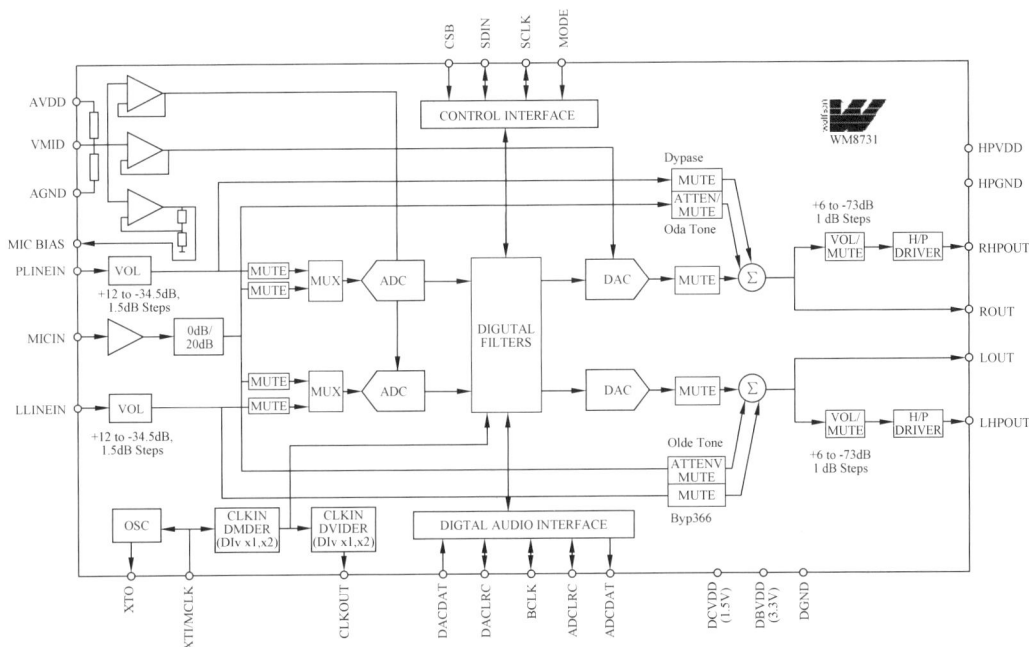

图 13-2　WM8731 芯片结构框图

该芯片高度集成了模拟电路功能。在项目中用到了 mic in 接口。WM8731 内部有 11 个寄存器。该芯片的初始化和内部功能设置是通过接口对这 11 个寄存器进行配置来实现的。控制器可通过控制接口对 WM8731 中的寄存器进行编程配置,该控制接口符合 SPI (三线操作)和 I^2C(双线操作)规范。通过对 MODE 端口的状态来选择控制接口类型。WM8731 支持右对齐、左对齐、I^2S 以及 DSP 四种数字音频接口模式,通过数字音频接口读写数据音频信号。由于具有上述优点,使得 WM8731 成为一款非常理想的音频模拟 I/O 器件,因此在本实验中用此芯片来处理声音 AD 转换。

本设计主要涉及 I^2C 总线和 I^2S 总线两种总线协议。I^2C 总线主要运用在控制接口,FPGA 器件通过该接口对语音编/解码芯片 WM8731 控制字的写入。而 I^2S 总线则是用在音频数据接口,它的任务主要是负责 FPGA 器件与语音编/解码芯片的音频数据传输。

1. I^2C 总线的数据的有效性

SCLK 为高电平期间,SDI 线上的数据需保持不变,在器件之间传递数据。SCLK 为低电平时,数据线上的数据发生跳变,变为下一位数据的状态,如图 13-3 所示。

ADDR 为传输给芯片信息的地址,R/W 为读写标志,ACK 为应答,B15～B0 为数据的16 位。

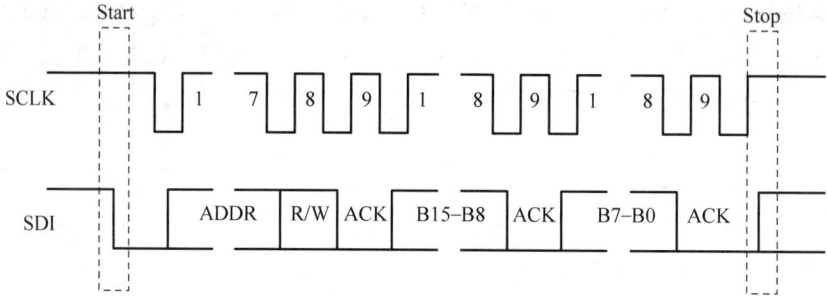

图 13-3　I^2C 总线时序图

2. I^2S 总线的数据格式及时序

I^2S 总线一般具有 5 根信号线,如图 13-4 所示,包括位时钟频率(BCLK)、DAC 采样率时钟(DACLRC)、ADC 采样率时钟(ADCLRC)、串行数据输入(DACDAT)和串行数据输出(ADCDAT)。其中 DACLC、ADCLC 和 BCLK 时钟信号在主模式下由编解码芯片提供,而在从模式下由 FPGA 或 DSP 提供。

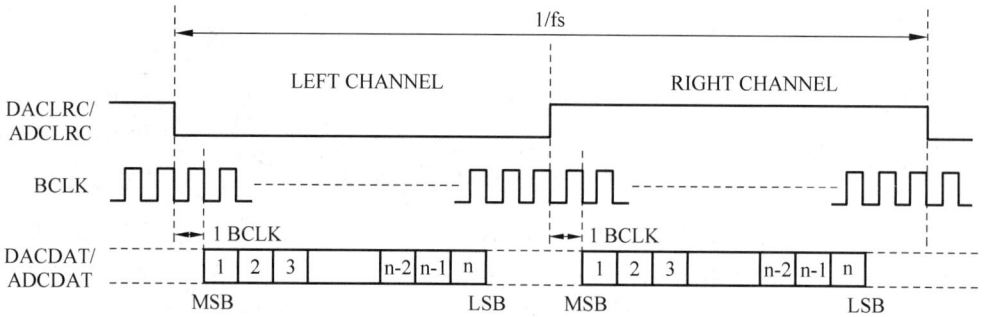

图 13-4　I^2S 总线时序图

I^2S 总线的数据采样率可以通过主设备的时钟频率(MCLK)以及采样频率类型(256fs 或 384fs)来选择。其计算公式为:数据采样率＝MCLK/采样频率类型。例如主设备的时钟频率为 18.432MHz,若选择采样频率类型为 384fs,则 MCLK 经过 384 分频,即得到 I^2S 总线的数据采样率为 48kHz。而位时钟频率(BCLK)的计算公式为:

$$位时钟频率＝数据采样率×数据位×2$$

本项目采用 16kHz 采样率。

🔑 13.3　心法口诀

算法接口需要 8bit、16kHz 的数据,但由于芯片没有对应参数,使用转换数据为 16bit、48kHz,然后用分频器对其进行处理。

声音编码后的数据为补码形式,16 位表示范围为 $-32\ 768 \sim 32\ 767$,而它的绝对值表示振幅大小。

在实现对接之前,已经测试了数据的正确性,用语音输入然后输出数据的振幅大小,正确操作之后完成了对接。

🔑 13.4　自我修炼

1. 总体架构

```
module VoicePP( //顶层模块
    clk_100m,
    sclk,
    sdat,
    dacclk,
    dacdat,
    bclk,
    adcdat,
    adcclk,
    rst_n,
    key1,
    key2,
    mode,
    usr,
    MCLK,
    digits
);

input clk_100m;
input rst_n;
output sclk;
inout sdat;
inout dacclk;
output dacdat;
inout bclk;
input adcdat;
inout adcclk;
input key1, key2;
input mode;                 // 0 - 训练, 1 - 识别
input [2:0] usr;            // 0~3 用户编号
output MCLK;
output [55:0] digits;

wire [7:0] data;

wire clk_50m, clk_18m;
reg clk_9m, clk_1m, clk_disp;
reg [3:0] cnt_1m = 0;
reg [31:0] cnt_disp = 0;

assign MCLK = clk_18m;

clkgen clock_generator(     //时钟产生模块
    .inclk0(clk_100m),
    .c0(clk_18m),
```

```verilog
        .c1(clk_50m)
    );

    set_wm8731 set_board(        //声音芯片接口适配模块
        .clock_50m(clk_50m),
        .i2c_sclk(sclk),
        .i2c_sdat(sdat),
        .reset_n(rst_n),
        .key1(key1),
        .key2(key2)
    );

    initial
    begin
        cnt_1m = 0;
        cnt_disp = 0;
        clk_9m <= 0;
        clk_1m <= 0;
        clk_disp <= 0;
    end

    always @(posedge clk_18m or negedge rst_n)
    begin
        if (!rst_n) begin
            clk_9m <= 0;
        end else begin
            clk_9m <= ~clk_9m;
        end
    end

    always @(posedge clk_18m or negedge rst_n)
    begin
        if (!rst_n) begin
            clk_1m <= 0;
            cnt_1m <= 0;
        end else if (cnt_1m >= 8) begin
            cnt_1m <= 0;
            clk_1m <= ~clk_1m;
        end else
            cnt_1m <= cnt_1m + 1;
    end

    always @(posedge clk_18m or negedge rst_n)
    begin
        if (!rst_n) begin
            clk_disp <= 0;
            cnt_disp <= 0;
        end else if (cnt_disp >= 1732958) begin
            cnt_disp <= 0;
            clk_disp <= ~clk_disp;
        end else
            cnt_disp <= cnt_disp + 1;
    end
```

```
I2S_com data_com(              //通信接口模块
    .clock_ref(clk_18m),
    .dacclk(dacclk),
    .bclk(bclk),
    .dacdat(dacdat),
    .reset_n(rst_n),
    .adcclk(adcclk),
    .adcdat(adcdat),
    .data(data)
);

wire [31:0] mfcc;
wire mfcc_sop, mfcc_eop, mfcc_valid;
mfcc_process mfcc_proc(        //特征向量提取模块
    .clk_18m(clk_18m),
    .rst(rst_n),
    .raw_data(data),
    .mfcc_valid(mfcc_valid),
    .mfcc_sop(mfcc_sop),
    .mfcc_eop(mfcc_eop),
    .mfcc_data(mfcc)
);

wire [8:0] haddr, laddr;
wire [7:0] whdata, wldata, rhdata, rldata;
wire hwren, lwren;
char_mat mfcc_storage(         //特征向量存储模块
    .address_a(haddr),
    .address_b(laddr),
    .clock(clk_18m),
    .data_a(whdata),
    .data_b(wldata),
    .wren_a(hwren),
    .wren_b(lwren),
    .q_a(rhdata),
    .q_b(rldata)
);

wire store_done;
wire [7:0] ridx;
wire [15:0] rdata;
mfcc_store ram_controller(   //控制器模块
    .clk(clk_9m),
    .rst(rst_n),
    .mode(mode),
    .usr({1'b0, usr[1:0]}),
    .sop(mfcc_sop),
    .eop(mfcc_eop),
    .valid(mfcc_valid),
    .data(mfcc),
    .ridx(ridx),
    .rhdata(rhdata),
    .rldata(rldata),
    .haddr(haddr),
```

```
    .whdata(whdata),
    .hwren(hwren),
    .laddr(laddr),
    .wldata(wldata),
    .lwren(lwren),
    .rdata(rdata),
    .done(store_done)
);

wire ext_store_done;
time_extender te(
    .clk(clk_9m),
    .rst(rst_n),
    .sig(store_done),
    .out_sig(ext_store_done)
);

wire all_done;
wire [3:0] result, num;
recognize rec(                  //识别模块
    .clk(clk_1m),
    .rst(rst_n),
    .mode(mode),
    .start_process(ext_store_done),
    .ram_data(rdata),
    .ram_addr(ridx),
    .ready(all_done),
    .num(num),
    .best(result)
);

wire [31:0] mfcc_hold;
value_holder mfcc_holder(
    .sop(mfcc_sop),
    .eop(mfcc_eop),
    .in_value(mfcc),
    .out_value(mfcc_hold)
);

//LED 显示模块
digit_display low(
    .clk(clk_disp),
    .value({result, 4'b0}),
    .digit(digits[13:0])
);

digit_display mid(
    .clk(clk_disp),
    .value({mfcc_hold[3:0], num}),
    .digit(digits[27:14])
);

digit_display high(
    .clk(clk_disp),
```

```
        .value(mfcc_hold[11:4]),
        .digit(digits[41:28])
);

digit_display raw(
        .clk(clk_disp),
        .value(data),
        .digit(digits[55:42])
);

endmodule
```

2. WM8731 顶层设计模块

```
//WM8731 顶层设计模块
module AUD_TOP(clock_50m,sclk,sdat,dacclk,dacdat,bclk,adcdat,adcclk,rst_n,key1,key2,led1,
led2,led,MCLK,sw1,sw2,data);
    input clock_50m;
    input rst_n;
    output sclk;
    inout sdat;
    inout dacclk;
    output dacdat;
    inout bclk;
    input adcdat;
    inout adcclk;
    input key1,key2;
    output led1,led2,led;
    output MCLK;
    input sw1,sw2;
    output [7:0] data;

    assign led = rst_n;          //复位按钮连接一个 LED 灯,显示按钮状态
    assign MCLK = c0;            //主时钟输入频率(18.432MHz)

set_wm8731(.clock_50m(clock_50m), //I2C 控制字配置模块端口连接,接入 50MHz 的时钟(需要分频)
        .i2c_sclk(sclk), //相关端口设置,i2c 总线是芯片间串行通信总线,它利用 SDI(串行数据
                         //线)和 SCLK(串行时钟线)两根信号线将外围通信模块连接起来,进行
                         //数据传输
            .i2c_sdat(sdat),
            .reset_n(rst_n),
            .key1(key1),
            .key2(key2),
            .led1(led1),
            .led2(led2),
            .sw1(sw1),
            .sw2(sw2));

//I2S 总线专责于音频设备之间的数据传输,
//包括位时钟频率(BCLK)、DAC 采样率时钟(DACLRC)、ADC 采样率时钟(ADCLRC)、
//串行数据输入(DACDAT)和串行数据输出(ADCDAT)
I2S_com(.clock_ref(c0),
    .dacclk(dacclk),
```

```
        .bclk(bclk),
        .dacdat(dacdat),
        .reset_n(rst_n),
        .adcclk(adcclk),
        .adcdat(adcdat),
        .data(data));

//clkdivz 为分频函数,利用 50MHz 得到 18.432MHz 时钟输出
clkdivz(.inclk0(clock_50m),
        .c0(c0));

endmodule
```

3. 声音芯片 WM8731 接口适配

```
//基于 I2C 时序接口模块之上的控制单元
//对语音芯片 WM8731 的初始配置、生成 I2C 控制时钟、输出音量控制以及输出模式选择
module set_wm8731(clock_50m,i2c_sclk,i2c_sdat,reset_n,key1,key2,led1,led2);
    input clock_50m;
    input reset_n;
    output i2c_sclk;
    inout i2c_sdat;
    input key1,key2;
    output led1,led2;

    reg clock_20k;
    reg [15:0]clock_20k_cnt;
    reg [1:0]config_step;
    reg [3:0]reg_index;
    reg [23:0]i2c_data;
    reg [15:0]reg_data;
    reg start;
    reg [9:0] cnt;
    reg [15:0] left;
    reg [15:0] right;
    reg key1_f,key2_f;
    reg key1_f_w,key2_f_w;

    assign led1 = !key1;
    assign led2 = !key2;

initial
begin
    left = 16'h055f;
    key1_f <= 0;key2_f <= 0;
end

    i2c_com u1(.clock_i2c(clock_20k),
            .reset_n(reset_n),
            .ack(ack),
            .i2c_data(i2c_data),
            .start(start),
            .tr_end(tr_end),
```

```
                .i2c_sclk(i2c_sclk),
                .i2c_sdat(i2c_sdat));            //例化 I2C 时序接口模块

always @(posedge clock_50m or negedge reset_n)  //产生 I2C 控制时钟 – 20kHz
begin
    if(!reset_n) begin
        clock_20k <= 0;
        clock_20k_cnt <= 0;
    end else if(clock_20k_cnt < 2499)
        clock_20k_cnt <= clock_20k_cnt + 1;
    else begin
        clock_20k <= !clock_20k;
        clock_20k_cnt <= 0;
    end
end

always @(posedge clock_20k or negedge reset_n)  //按键计时程序
begin
    if (!reset_n) cnt <= 10'd0;
    else cnt <= cnt + 1'b1;
end

always @(posedge clock_20k)
begin
    if (cnt == 10'd400) begin
        key1_f <= key1;
        key2_f <= key2;
    end
    key1_f_w <= key1_f;
    key2_f_w <= key2_f;
end

wire key1_ctrl = key1_f_w & ( ~key1_f);
wire key2_ctrl = key2_f_w & ( ~key2_f);

always@(posedge clock_20k or negedge reset_n)   //配置过程控制
begin
    if(!reset_n) begin
        config_step <= 0;
        start <= 0;
        reg_index <= 0;
        left = 16'h055f;

//I2C 设置过程, key1 是第一个按键, 使音量增加
    end else if(key1_ctrl) begin
        left <= left + 16'h0008;
        if(left >= 16'h057f) begin
            left <= 16'h057f;
        end
        reg_index <= 4'b1010;                    //reg_index 对应不同模式的选择
//key2 是第二个按键, 使音量减小
    end else if(key2_ctrl) begin
        left <= left - 16'h0008;
        if(left <= 16'h051f) begin
```

```verilog
                    left <= 16'h051f;
             end
             reg_index <= 4'b1010;

        end else begin
            if(reg_index < 11) begin
                case(config_step)
                    0: begin
                        i2c_data <= {8'h34, reg_data};
                        start <= 1;
                        config_step <= 1;
                    end
                    1: begin
                        if (tr_end) begin
                            if(!ack) config_step <= 2;
                            else config_step <= 0;
                            start <= 0;
                        end
                    end
                    2: begin
                        reg_index <= reg_index + 1;
                        config_step <= 0;
                    end
                endcase
            end
        end
end

always@(reg_index)              //I2C 配置数值。根据 reg_index 选择不同模式,
                                //具体可以查看 WM8731 说明书中的设置
begin
    case(reg_index)
        0: reg_data <= 16'h011f;
        1: reg_data <= 16'h021f;
        2: reg_data <= 16'h055f;
        3: reg_data <= 16'h065f;
        4: reg_data <= 16'h0805;            // Bypass 模式
        5: reg_data <= 16'h0a01;
        6: reg_data <= 16'h0c00;
        7: reg_data <= 16'h0e11;            // 0e12 - i2s
        8: reg_data <= 16'h1002;
        9: reg_data <= 16'h1201;
        10: reg_data <= left;
        default: reg_data <= 16'h001a;
    endcase
end

endmodule
```

4. 对 I^2C 时序的模拟

```verilog
//对 I2C 时序的模拟,控制 SCLK(数据时钟)和 SDAT(数据线)将存储在
//i2c_data 中的 24 位控制字串行发送给 WM8731
```

```
//i2c_data 为 24 位控制字写入; reset_n 为复位输入; clock_i2c 为 I2C 接口传输时钟;
//start 为传输开始标志输入;
//ack 为 I2C 时序中 3 位应答位进行或操作合并为一个应答位的输出;
//tr_end 为传输结束信号输出;
//i2c_sclk 为 I2C 接口数据时钟输出; i2c_sdat 为 I2C 接口串行数据输出
module i2c_com(clock_i2c,reset_n,ack,i2c_data,start,tr_end,i2c_sclk,i2c_sdat);
    input [23:0]i2c_data;
    input reset_n;
    input clock_i2c;                    //wm8731 控制接口传输所需时钟为 20kHz
    output ack;                         //应答信号
    input start;
    output tr_end;
    output i2c_sclk;
    inout i2c_sdat;

    reg [5:0] cyc_count;
    reg reg_sdat;
    reg sclk;
    reg ack1,ack2,ack3;
    reg tr_end;

    wire i2c_sclk;
    wire i2c_sdat;
    wire ack;

    assign ack = ack1|ack2|ack3;
    //数据时钟
    assign i2c_sclk = sclk|(((cyc_count>=4)&(cyc_count<=30))?~clock_i2c:0);
    //串行数据线
    assign i2c_sdat = reg_sdat?1'bz:0;

always@(posedge clock_i2c or  negedge reset_n)   //根据 SCLK 模拟 I2C 传输位时钟
    begin
        if(!reset_n)
        cyc_count <= 6'b111111;
        else begin
        if(start == 0)                  //当 start 信号拉低后,i2c_sclk 开始传输串行数据时钟
        cyc_count <= 0;
        else if(cyc_count<6'b111111)
        cyc_count <= cyc_count + 1;
        end
    end

//I2C 时序采用 33 个 I2C 时钟周期进行,其中 4~11 位、13~20 位、22~29 位传送数据,
//12 位、21 位、30 位为应答位
//数据高位在前,低位在后,24 位数据中每 8 位为 1 字节,每发送 1 字节的数据,
//就应返回 1 个应答信号,将 i2c_sdat 状态拉高
//空闲状态时,i2c_sdat 为高阻态,i2c_sclk 为高电平状态
always@(posedge clock_i2c or negedge reset_n)
    begin
        if(!reset_n)
        begin
            tr_end <= 0;
            ack1 <= 1;
```

```verilog
            ack2 <= 1;
            ack3 <= 1;
            sclk <= 1;
            reg_sdat <= 1;
        end
        else
            case(cyc_count)
         0: begin ack1 <= 1; ack2 <= 1; ack3 <= 1; tr_end <= 0; sclk <= 1; reg_sdat <= 1; end
         1: reg_sdat <= 0;                          //开始传输
         2: sclk <= 0;
         3: reg_sdat <= i2c_data[23];
         4: reg_sdat <= i2c_data[22];
         5: reg_sdat <= i2c_data[21];
         6: reg_sdat <= i2c_data[20];
         7: reg_sdat <= i2c_data[19];
         8: reg_sdat <= i2c_data[18];
         9: reg_sdat <= i2c_data[17];
        10: reg_sdat <= i2c_data[16];
        11: reg_sdat <= 1;                          //应答信号 1

        12: begin reg_sdat <= i2c_data[15]; ack1 <= i2c_sdat; end
        13: reg_sdat <= i2c_data[14];
        14: reg_sdat <= i2c_data[13];
        15: reg_sdat <= i2c_data[12];
        16: reg_sdat <= i2c_data[11];
        17: reg_sdat <= i2c_data[10];
        18: reg_sdat <= i2c_data[9];
        19: reg_sdat <= i2c_data[8];
        20: reg_sdat <= 1;                          //应答信号 2

        21: begin reg_sdat <= i2c_data[7]; ack2 <= i2c_sdat; end
        22: reg_sdat <= i2c_data[6];
        23: reg_sdat <= i2c_data[5];
        24: reg_sdat <= i2c_data[4];
        25: reg_sdat <= i2c_data[3];
        26: reg_sdat <= i2c_data[2];
        27: reg_sdat <= i2c_data[1];
        28: reg_sdat <= i2c_data[0];
        29: reg_sdat <= 1;                          //应答信号 3

        30: begin ack3 <= i2c_sdat; sclk <= 0; reg_sdat <= 0; end
        31: sclk <= 1;
        32: begin reg_sdat <= 1; tr_end <= 1; end
            endcase
    end
endmodule
```

5. 对 I²S 时序的模拟

```verilog
//对 I2S 时序的模拟以实现音频数据的传输
//对于 I2S 时序的模拟主要是将 18.432MHz 的主时钟分频,
//产生均为 48kHz 的数模转换和模数转换采样率时钟以及对应的数字音频时钟(BCLK)
module I2S_com(
```

```
    clock_ref,
    dacclk,
    bclk,
    dacdat,
    reset_n,
    adcclk,
    adcdat,
    data
);

    input clock_ref;                    //MCLK = 18.432MHz
    input reset_n;
    input adcdat;
    inout adcclk;
    inout dacclk;
    output dacdat;
    inout bclk;
    output signed [7:0] data;

    parameter CLOCK_REF = 18432000;
    parameter CLOCK_SAMPLE = 48000;

    reg dacclk;
    reg adcclk;
    reg [8:0] dacclk_cnt;
    reg [8:0] adcclk_cnt;
    reg bclk;
    reg [3:0] bclk_cnt;
    reg state;

    reg [7:0] data;
    reg [31:0] counter;
    reg signed [15:0] data_reg;
    reg [4:0] num = 0;

initial
begin
    counter = 0;
end

always@(posedge clock_ref or negedge reset_n)      //产生 16 * 48kHz bclk
begin
    if(!reset_n) begin
        bclk <= 0;
        bclk_cnt <= 0;
    end else if(bclk_cnt >= (CLOCK_REF / (CLOCK_SAMPLE * 2 * 16 * 2) - 1)) begin
        bclk <= ~bclk;
        bclk_cnt <= 0;
    end else
        bclk_cnt <= bclk_cnt + 1;
end

always@(posedge clock_ref or negedge reset_n)      //产生 48kHz dacclk
begin
```

```verilog
        if(!reset_n) begin
            dacclk <= 0;
            dacclk_cnt <= 0;
        end else if (dacclk_cnt >= (CLOCK_REF / (CLOCK_SAMPLE * 2) - 1)) begin
            dacclk <= ~dacclk;
            dacclk_cnt <= 0;
        end else
            dacclk_cnt <= dacclk_cnt + 1;
    end

    always@(posedge clock_ref or negedge reset_n)     //产生 48kHz adcclk
    begin
        if(!reset_n) begin
            adcclk <= 0;
            adcclk_cnt <= 0;
        end else if (adcclk_cnt >= (CLOCK_REF / (CLOCK_SAMPLE * 2) - 1)) begin
            adcclk <= ~adcclk;
            adcclk_cnt <= 0;
        end else
            adcclk_cnt <= adcclk_cnt + 1;
    end

    assign dacdat = adcdat;

    reg signed [15:0] val;

    always @(posedge bclk or negedge reset_n) begin
        if (!reset_n) begin
            //reset
            num = 0;
            data_reg = 0;
        end else if (bclk) begin
            data_reg[15 - num] = adcdat;
            num = num + 1;

            if (num == 16) begin
                if (adcclk) begin
                    if (counter < 2) begin
                        if (counter == 1) val = data_reg;
                        counter = counter + 1;
                    end else begin
                        counter = 0;
                        data = val >>> 8;
                    end
                end
                num = 0;
            end
        end
    end

endmodule
```

6. I²S 数据处理

```
//逐位将 adcdat 串行输入的音频数据转化成并行数据,由 data 端口输出,
//data 会作为识别模块算法处理的输入
module I2S_data(bclk,adcclk,adcdat,data,/*state,*/flag);
    input adcdat;
    input adcclk;
    input bclk;
    output [15:0] data;
    output flag;
  //input state;

    reg flag;
    reg [16:0] counter;
    reg [2:0] count;
    reg [4:0] num = 19;
    reg [15:0] data;
    reg [15:0] data1, data2, data_reg;

//根据模式 I2S mode 进行数据读取,从高位到低位
//参考 WM8731 手册 P34 I2Smode
always@(posedge bclk or negedge adcclk)
begin
    if (!adcclk)
    begin
    if (num == 18)
    begin
        num <= 0;
    end
    end
    else
    if(num >= 17)
    begin
        num <= 18;
    end
    else
    begin
        num <= num + 1;
    end
end

    always@(num)
        case(num)
        2:data_reg[15]<= adcdat;
        3:data_reg[14]<= adcdat;
        4:data_reg[13]<= adcdat;
        5:data_reg[12]<= adcdat;
        6:data_reg[11]<= adcdat;
        7:data_reg[10]<= adcdat;
        8:data_reg[9]<= adcdat;
        9:data_reg[8]<= adcdat;
        10:data_reg[7]<= adcdat;
        11:data_reg[6]<= adcdat;
```

```
12:data_reg[5]< = adcdat;
13:data_reg[4]< = adcdat;
14:data_reg[3]< = adcdat;
15:data_reg[2]< = adcdat;
16:data_reg[1]< = adcdat;
17:data_reg[0]< = adcdat;
default:data < = data_reg;
endcase
    //end
//end
endmodule
```

第 14 章

武功九 双人体感乒乓球之加速度传感器

🔑 14.1 江湖传言

江湖中人皆知,体感游戏是视觉与本体和动作控制的集合,为了达到视觉与运动相结合的目的,可以采用加速度传感器与 VGA 显示器相结合的方法,通过 JY901 传感器的运动来完成对游戏界面中球拍的控制,通过系统内部逻辑运算确定球的实时位置并完成坐标系的转换,双方博弈模拟真实的乒乓球游戏。实验实现了开始界面(见图 14-1(a))、游戏界面(见图 14-1(b))及计分、自动难度调解、游戏结束等功能,最后通过下载验证,游戏获得了较好的互动性、参与性与沉浸感。

(a)   (b)

图 14-1 双人体感乒乓球

需要注意以下两点:

(1) 为什么必须这样,不这样设计行不行;

(2) 设计的原则。

🔑 14.2 奇经八脉

程序如人,经脉分明。数字逻辑设计中的脉络,即为程序的基本框架。

设计硬件程序和构建软件有很大的区别,采用化整为零的原则,才能事半功倍。

在本章之前,大家已经学会了 VGA、SRAM、鼠标、键盘等基础模块,在建模时不妨将系统看作黑盒,则系统示意图如图 14-2 所示。

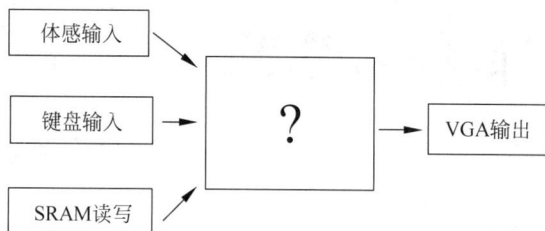

图 14-2 系统示意图

为了降低设计的难度,不妨将已经掌握的 SRAM 控制和键盘控制模块分离出来,对游戏控制这个更小的黑盒进行分析,如图 14-3 所示。

通过前面的实验已经知道 VGA 显示的思路是在某一设定频率的行场同步信号下根据其他模块的输出确定每个像素点的 RGB 值。因此处理显示的常见思路是罗列出需要显示的条目,根据这些显示上的目标确定 in、out 接口。需要注意的是,VGA 模块往往不是单纯地将输入的信息一一显示,它也可以承载图像相关信息的计算任务,至此游戏控制模块得以进一步细化,如图 14-4 所示。

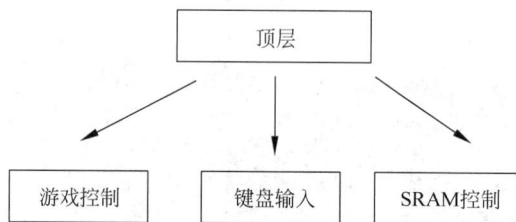

图 14-3 游戏控制分析

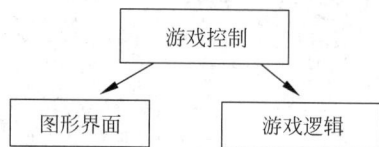

图 14-4 游戏控制的分析

假设读者已经学过"计算机科学导论"课程,其中提到每个设备接到计算机上都需要有对应的驱动模块,同样,对于体感传感器而言,它反馈回系统的信号都是经过复杂编码的各个方向的加速度等信息,要利用这些信息还需要有像驱动一样的模块对原始信息进行解码加工。因此游戏逻辑的大致框架如图 14-5 所示。

由此可以组建出程序的大致框架,如图 14-6 所示。

到此并没有结束。需要思考的是,如果不这样设计,程序能够实现吗?

其实是可行的。SRAM 控制和键盘输入都可以放到游戏逻辑里面去处理,区别在于信号的流动方向不一样,比如说,键盘的信号是流向顶层后再被分发到 VGA 部分还是通过其他的流动路径分发。

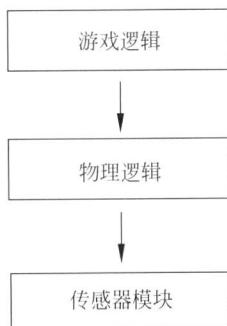

图 14-5　游戏逻辑的大致框架

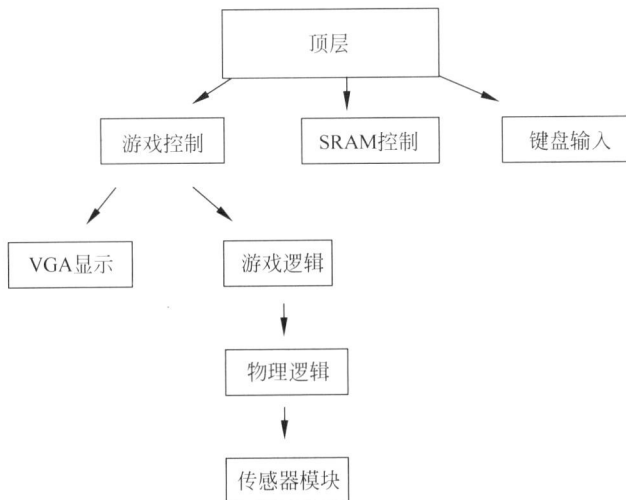

图 14-6　程序的大致框架

14.3　武功招式

一门武功一般由招式和口诀组成,二者缺一不可。数设江湖里的武功,招式尤指实验所用到的基础知识,而口诀则是实验中遇到的问题及解决办法。这里,招式主要指加速度传感器模块的详细解析。

使用 uart 串口协议,一根数据输出线接入 tx,一根数据读取线接入 rx,如图 14-7 所示。

1. uart 协议解析

双方约定好时钟信号频率(波特率)为 115 200b/s(所以不像 I^2C 或 SPI 协议需要时钟线,但也造成了双方时钟可能会出现些偏差,导致会出现部分丢包现象)。

获取由 0、1 电平组成的 8 字节的数据包,双方统一约定电平拉低表示 8 字节数据开始,电平拉高表示 8 字节数据结束。

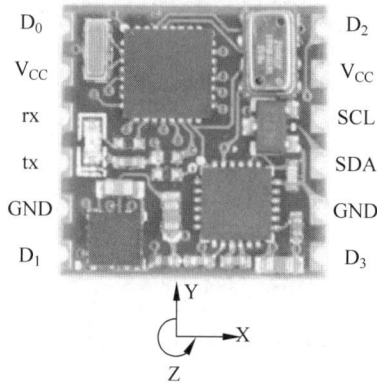

图 14-7 uart 串口信号图

2. 传感器数据解析

其中核心数据由 16 进制发送,也就是两个数据包组合为一个完整数据。默认第一个为低电平,第二个为高电平,需要将二者组合成一个有符号的 short 类型数据。

多个数据组合为一个完整的输出,其中首项为设备地址,次项为输出地址,末项为校验和。输出的具体解析公式如图 14-8 所示。

0x55	0x51	AxL	AxH	AyL	AyH	AzL	AzH	TL	TH	SUM

计算方法:

$a_x = ((AxH<<8)|AxL)/32768 \times 16g$(g为重力加速度,可取$9.8\text{m/s}^2$)

$a_y = ((AyH<<8)|AyL)/32768 \times 16g$(g为重力加速度,可取$9.8\text{m/s}^2$)

$a_z = ((AzH<<8)|AzL)/32768 \times 16g$(g为重力加速度,可取$9.8\text{m/s}^2$)

图 14-8 加速度输出

JY901 姿态角输出如图 14-9 所示。

0x55	0x53	RollL	RollH	PitchL	PitchH	YawL	YawH	TL	TH	SUM

计算方法:

滚转角(x轴)Roll=$((RollH<<8)|RollL)/32768 \times 180(°)$

俯仰角(y轴)Pitch=$((PitchH<<8)|PitchL)/32768 \times 180(°)$

偏航角(z轴)Yaw=$((YawH<<8)|YawL)/32768 \times 180(°)$

图 14-9 JY901 姿态角输出

为了使游戏参与者有更真实的体验,需要将画面做成类 3D 的视角,即采用如图 14-10 的方式建立坐标系。

将 3D 场景投影到 2D 的屏幕上,需要遵循基本的透视原理,因此球和球拍都需要根据位置的 z 分量进行缩放,在屏幕上的竖直位置也与其 Z 轴位置有关(为了减小计算量,近似地认为屏幕上水平方向的位置与 Z 无关)。于是采用如下的变换关系(以左边屏幕为例):

$$x_s = k_{x_0} + k_{x_1} \cdot \frac{x}{X_{MAX}}$$

$$y_s = k_{y_0} + k_{y_1} \cdot \frac{Y_{MAX} - y}{Y_{MAX}} + k_{y_2} \cdot (Z_{MAX} - z)$$

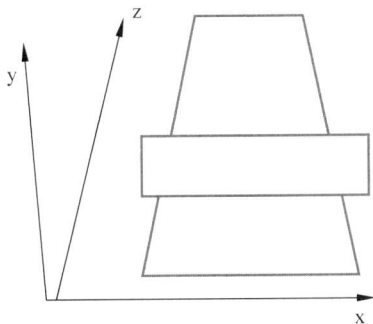

图 14-10　坐标系

$$z_s = k_{r_0} + k_{r_1} \cdot (Z_{\text{MAX}} - z)$$

其中，x_s、y_s 分别表示在屏幕上的水平、竖直中心位置，r 表示其边长的一半。因此，该元素（球或球拍）在屏幕上的位置是从 $(x_s - r,\ y_s - r)$ 到 $(x_s + r, y_s + r)$ 的正方形。

为了节约存储空间，利用同一张资源图，根据 r 值计算需要显示的点，利用待显示图与原图的相似关系进行缩放。若当前扫描到的点在正方形内，则有

$$x' = x_{\text{screen}} - \frac{x_s - r}{2 * r} \cdot A$$

$$y' = x_{\text{screen}} - \frac{y_s - r}{2 * r} \cdot A$$

其中，x_{screen}、y_{screen} 表示屏幕上当前扫描到的点的位置，x'、y' 表示素材图上对应的坐标，A 为素材图的边长。

14.4　心法口诀

1. 传感器输出到游戏的物理运算

传感器给出的加速度是以体轴坐标系作为参考的，为了使用这些数据，需要乘以一个体轴坐标系到地轴坐标系的变换矩阵，如图 14-11 和下面的矩阵所示。这里介绍地轴坐标系到体轴坐标的变换，而所求变换即是原变换的逆操作。原变换先绕 X 轴旋转，再绕 Y 轴旋转，最后绕 Z 轴旋转进行。

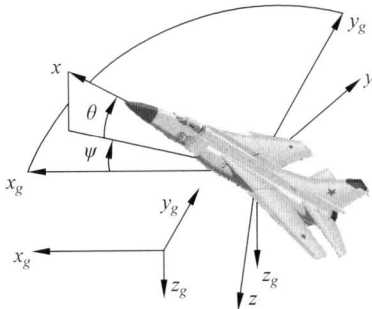

图 14-11　体轴坐标系

$$\text{练 } X \text{ 轴旋转}\quad L_1(\alpha) = \begin{bmatrix} 1 & 0 & 0 \\ 0 & \cos\alpha & \sin\alpha \\ 0 & -\sin\alpha & \cos\alpha \end{bmatrix}$$

$$\text{练 } Y \text{ 轴旋转}\quad L_2(\alpha) = \begin{bmatrix} \cos\alpha & 0 & -\sin\alpha \\ 0 & 1 & 0 \\ \sin\alpha & 0 & \cos\alpha \end{bmatrix}$$

$$\text{练 } Z \text{ 轴旋转}\quad L_3(\alpha) = \begin{bmatrix} \cos\alpha & \sin\alpha & 0 \\ -\sin\alpha & \cos\alpha & 0 \\ 0 & 0 & 1 \end{bmatrix}$$

地轴坐标系到体轴坐标的变换矩阵如下(为了不混淆绕不同轴转的角度,分别用 ϕ、θ 和 ψ 替换原矩阵中的 α):

$$L_1(\phi)L_2(\theta)L_3(\psi) = \begin{bmatrix} \cos\theta\cos\psi & \cos\theta\sin\psi & -\sin\theta \\ -\cos\phi\sin\psi + \sin\phi\sin\theta\cos\psi & \cos\phi\cos\psi + \sin\phi\sin\theta\sin\psi & \sin\phi\cos\theta \\ \sin\phi\sin\psi + \cos\phi\sin\theta\cos\psi & -\sin\phi\cos\psi + \cos\phi\sin\theta\sin\psi & \cos\phi\cos\theta \end{bmatrix}$$

注意到该变换矩阵是正交矩阵,所求逆矩阵即为该矩阵的转置。

2. 三角函数的获得

由于三角函数是浮点值,而 FPGA 中不支持浮点运算,考虑乘以 1000 来表示原三角函数值,在运算末尾再除以 1000 即可。由于 FPGA 没有简单的获的三角函数值的方法,经取舍后决定使用 ROM 读取预存表。

3. 显示位置失真

从图 14-1 可以看到,屏幕被分成了两半,对应于双方不同的视角。对同一个对象(如球),要根据一个三维坐标分别计算两侧不同的二维显示位置,而且要显得协调、真实,并非易事。可以在实现的过程中临时改用键盘控制球在空间中移动,观察屏幕上的显示,然后慢慢调整参数,最终找到一个合适的参数使得看起来有 3D 的感觉。

4. 遮挡关系

显示中特别需要注意一点是图像间的遮挡关系,有的时候需要将表层图像做成透明,有的时候则需要较为复杂的逻辑判断。在本例中,为了正确地显示一系列遮挡关系,需要分球拍 1、球、球拍 2、背景四个图层,图层逻辑关系如图 14-12 所示。先将所有图层都读进来,默认为 000000000。为了显示球和球拍周围一圈的透明效果,在资源文件中将需要透明的地方颜色也设为 000000000。因此如果此时读到(除背景外)某个图层颜色为全 0,那么就不显示这一图层。按图层顺序,再配合一系列复杂的逻辑判断,就可以正确地显示场景信息。由于球和球拍的素材图较小,它们都直接存放在片内 ROM 中,而背景图片存放在 SRAM 中。

图 14-13 中所有虚线表示判断为是,实线表示否。其中判断完球在哪个半场后,还需要接着判断是绘制挡板还是绘制球。以球在半场 1 位为例。

开始

中心线? —— 绘制中心线

比分? —— 绘制比分牌

左侧拍1? —— 绘制左侧拍1
绘制右侧拍2

左侧中间挡板? —— 球在半场1

右侧中间挡板? —— 球在半场2

左侧球?
右侧球? —— 绘制左侧球
绘制右侧球

左侧拍2?
右侧拍1? —— 绘制左侧拍2
绘制右侧拍1

背景

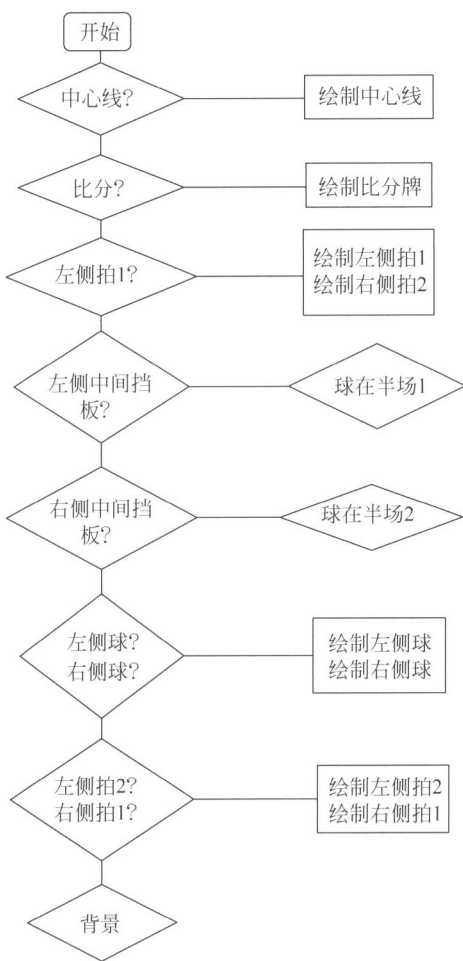

图 14-12　图层逻辑关系图

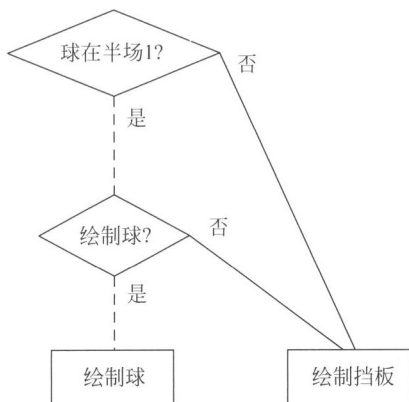

球在半场1? 否

是

绘制球? 否

是

绘制球　　绘制挡板

图 14-13　判断球在哪个半场

🔑 14.5　自我修炼

1. 总体架构

```
entity pingpong is
port(
    ----------------------- Clock Input -----------------------
    clk1: in std_logic;       -- 100MHz
    clk2: in std_logic;       -- 24MHz
    ----------------------- reset -----------------------------
    rst: in std_logic;

    ------------ PS2  Keyboard (传入 keyboard component) ----------
    datain: in std_logic;
    ps2clk: in std_logic;

    --------------- Sensor (传入 game_control component) --------
    sensor_in_1: in std_logic;
    sensor_in_2: in std_logic;
    --------------- SRAM (传入 sram_control component) ----------
    sram_data: inout std_logic_vector(31 downto 0);
    sram_addr: out std_logic_vector(20 downto 0);
    sram_RW: out std_logic_vector(1 downto 0);

    ------------------ VGA (传入 game_control component) --------
    vga_hs,vga_vs: out STD_LOGIC;
    vga_r,vga_g,vga_b: out STD_LOGIC_vector(2 downto 0)
);
end entity;

architecture behav of pingpong is

-------------- Component 声明 -------------------

----------------- Keyboard component -------------------
component top is
port(
    datain,clkin,fclk,rst_in: in std_logic;
    oper:out std_logic_vector(2 downto 0)
);
end component;

---------------- game_control component ----------------
component game_control is
port(
    rst, clk1, clk2: in std_logic;
    key_in: in std_logic_vector(2 downto 0);
    sensor_in_1: in std_logic;
    sensor_in_2: in std_logic;
    sram_data: in std_logic_vector(17 downto 0);
    sram_addr: out std_logic_vector(18 downto 0);
```

```
    vga_hs, vga_vs: out std_logic;
    vga_r, vga_g, vga_b: out std_logic_vector(2 downto 0));
end component;

--------------- sram_control component ----------------
component sram_control is
port (
    clk: in std_logic;
    -- 对应 sram
    data: inout std_logic_vector(17 downto 0);
    addr: out std_logic_vector(20 downto 0);
    RW: out std_logic_vector(1 downto 0);

    -- 对应内部
    in_data: out std_logic_vector(17 downto 0);
    in_addr: in std_logic_vector(18 downto 0));
end component;

signal keyboard_oper: std_logic_vector(2 downto 0);      -- 临时保存 keyboard component
                                                          -- 返回的 vector
signal sram_data_temp: std_logic_vector(17 downto 0);    -- 保存 sram 数据用来
                                                          -- 在模块间交换
signal sram_addr_temp: std_logic_vector(18 downto 0);    -- 保存 sram 地址用来
                                                          -- 在模块间交换


begin
    --------------------------------------------------------------
    -- Keyboard control
    --------------------------------------------------------------
    keyboard: top port map (
        datain = > datain,
        clkin = > ps2clk,
        fclk = > clk1,
        rst_in = > rst,
        oper = > keyboard_oper);


    --------------------------------------------------------------
    -- SRAM control
    --------------------------------------------------------------
    sram: sram_control port map (
        clk = > clk2,
        data = > sram_data(17 downto 0),
        addr = > sram_addr,
        RW = > sram_RW,
        in_data = > sram_data_temp,
        in_addr = > sram_addr_temp);


    --------------------------------------------------------------
    -- Game
    --------------------------------------------------------------
    game: game_control port map (
        rst = > rst,
        clk1 = > clk1,
        clk2 = > clk2,
```

```vhdl
        sensor_in_1 => sensor_in_1,
        sensor_in_2 => sensor_in_2,
        key_in => keyboard_oper,
        sram_data => sram_data_temp,
        sram_addr => sram_addr_temp,
        vga_hs => vga_hs,
        vga_vs => vga_vs,
        vga_r => vga_r,
        vga_g => vga_g,
        vga_b => vga_b);
end architecture;
```

2. 物理控制模块

```vhdl
-- physics 是底层的物理类,接收来自传感器的输入,给出每一时刻球和球拍的位置
entity physics is
generic(
    ballXRange: integer : = 160;            -- 球 ball 在 X 轴位置的最大值
    ballYRange: integer : = 120;            -- 球 ball 在 Y 轴位置的最大值
    ballZRange: integer : = 220;            -- 球 ball 在 Z 轴位置的最大值
    ballvRange: integer : = 14;             -- 球 ball 的速度最大值
    patXRange: integer : = 160;             -- 球拍 pat 在 X 轴位置的最大值
    patYRange: integer : = 120;             -- 球拍 pat 在 Y 轴位置的最大值
    patZRange: integer : = 110;             -- 球拍 pat 在 Z 轴位置的最大值
    patvRange: integer : = 14;              -- 球拍 pat 的速度最大值
    cntRange: integer : = 750000;
    angRange: integer : = 30;
    boundaryXRange: integer : = 20;         -- 若球 X 轴位置不在[boundaryXRange,
                                            -- ballXRange - boundaryXRange]范围内,则认为球出界
    boundaryZRange: integer : = 40          -- 若球 Z 轴位置不在[boundaryZRange,
                                            -- ballZRange - boundaryZRange]范围内,则认为球出界
    );
port(
    rst, clk: in std_logic;                             -- rst, clk 信号
    rx1, rx2: in std_logic;                             -- 串口中读取信号
    ballX: out integer range 0 to ballXRange;           -- 球 X 轴位置
    ballY: out integer range 0 to ballYRange;           -- 球 Y 轴位置
    ballZ: out integer range 0 to ballZRange;           -- 球 Z 轴位置
    pat1X, pat2X: out integer range 0 to patXRange;     -- 球拍 X 轴位置
    pat1Y, pat2Y: out integer range 0 to patYRange;     -- 球拍 Y 轴位置
    pat1Z, pat2Z: out integer range 0 to patZRange;     -- 球拍 Z 轴位置
    status: out std_logic_vector(1 downto 0));          -- 记录状态 TODO
end entity;

architecture behav of physics is
signal cnt : integer range 0 to cntRange;

signal ball_X: integer range - 50 to ballXRange + 50;
signal ball_Y: integer range 0 to ballYRange;
signal ball_Z: integer range - 50 to ballZRange + 50;
signal ball_v: integer range 0 to ballvRange;
signal status_s : std_logic_vector(1 downto 0);         -- 与 status 一致
type b_s is (waiting, flying, pat1Range, pat2Range, left_ boundary, right_ boundary); signa
```

```vhdl
    ball_state : b_s;                              -- 球的状态
    type c_s is (pat1, pat2); signal catch_state : c_s;
                                                   -- 球应该被哪个球拍捕获
    signal rotate_cw : std_logic;                  -- 球等待开始时是逆时针还是顺时针旋转
    --------------- rom_ball_pos 信号 ------------------
    signal tmp_ball_y: std_logic_vector(6 downto 0);
    signal ball_pos_addr: std_logic_vector(7 downto 0);
    --------------- sensor 信号 ---------------------
    signal pat1_X, pat2_X: integer range 0 to patXRange;
    signal pat1_Y, pat2_Y: integer range 0 to patYRange;
    signal pat1_Z, pat2_Z: integer range 0 to patZRange;
    signal pat1_hit, pat2_hit : std_logic;
    signal pat1_v, pat2_v : integer range 0 to ballvRange;
    --------------- sin_cos 信号 -------------------
    signal ball_ang : integer range - 180 to 180;
    signal sinx, cosx : integer range - 1000 to 1000;

    component rom_ball_pos is
        PORT
        (
            address : in std_logic_vector(7 downto 0);
            clock : in STD_LOGIC   : = '1';
            q : out std_logic_vector(6 downto 0)
        );
    end component;
    component sin_cos is
        port(
            clk : in std_logic;
            ang : in integer range - 180 to 180;
            sinx, cosx : out integer range - 1000 to 1000
        );
    end component;
    component sensor is
        port(
            clk : in std_logic;                    -- 100MHz 时钟
            rst : in std_logic;                    -- 低电平复位
            rx : in std_logic;                     -- 数据读取,接连 uart tx 接口
            x, y, z : out integer;
            is_hit : out std_logic;
            pat_v : out integer range 0 to ballvRange
        );
    end component;

begin
    digital_rom_ball_pos : rom_ball_pos port map(
        ball_pos_addr, clk, tmp_ball_y
    );
    sin_cos_component : sin_cos port map(
        clk = > clk,
        ang = > ball_ang,
        sinx = > sinx,
        cosx = > cosx
    );
    sensor_pat1_component : sensor port map(
```

```vhdl
        clk => clk,
        rst => rst,
        rx => rx1,
        x => pat1_X,
        y => pat1_Y,
        z => pat1_Z,
        is_hit => pat1_hit,
        pat_v => pat1_v
    );
    sensor_pat2_component : sensor port map(
        clk => clk,
        rst => rst,
        rx => rx2,
        x => pat2_X,
        y => pat2_Y,
        z => pat2_Z,
        is_hit => pat2_hit,
        pat_v => pat2_v
    );
```

------------------ 复位以及获得球拍信息 ---------------------

```vhdl
    process(rst, clk)
    begin
        if (rst = '0') then
            pat1X <= 140;
            pat1Y <= 90;
            pat1Z <= 20;

            pat2X <= 140;
            pat2Y <= 90;
            pat2Z <= 20;
        elsif rising_edge(clk) then
            pat1X <= pat1_X;
            pat2X <= pat2_X;
        end if;
    end process;
```

------------------ 计算球的状态 ------------------

```vhdl
    process(rst, clk)
    begin
        status <= status_s;
        ballX <= ball_X;
        ballY <= ball_Y;
        ballZ <= ball_Z;
        if (rst = '0') then
            ball_X <= ballXRange / 2;
            ball_state <= waiting;
            ball_ang <= 35;
            cnt <= 0;
            rotate_cw <= '1';
            ball_v <= 8;
            status_s <= "00";
        elsif rising_edge(clk) then
            cnt <= cnt + 1;
            case ball_state is
```

```
---------------- 球等待开始 ----------------
    when waiting = >
        if status_s = "10" and pat2_X > 0 and pat2_X < patXRange then
            if pat2_hit = '1' then
                catch_state <= pat1;
                ball_state <= pat2Range;
                status_s <= "01";
            end if;
            ball_X <= patXRange - (pat2_X + 20 * cosx / 1000);
            ball_Z <= patZRange - 20 * sinx / 1000 + 40;
        elsif status_s /= "10" and pat1_X > 0 and pat1_X < patXRange then
            if pat1_hit = '1' then
                catch_state <= pat2;
                ball_state <= pat1Range;
                status_s <= "01";
            end if;
---------------- 模拟球等待开始时绕球拍旋转 ----------------
            ball_X <= pat1_X + 20 * cosx / 1000;
            ball_Z <= 20 + 20 * sinx / 1000;
        end if;
        if cnt = cntRange then
---------------- 绕球拍旋转,超出范围的情况 ----------------
            if rotate_cw = '1' then
                if status_s = "10" then
                    ball_ang <= ball_ang + 3;
                    if ball_ang > -(90 - angRange) then
                        rotate_cw <= '0';
                    end if;
                else
                    ball_ang <= ball_ang - 3;
                    if ball_ang < 90 - angRange then
                        rotate_cw <= '0';
                    end if;
                end if;
            elsif (rotate_cw = '0') then
                if status_s = "10" then
                    ball_ang <= ball_ang - 3;
                    if ball_ang < -(90 + angRange) then
                        rotate_cw <= '1';
                    end if;
                else
                    ball_ang <= ball_ang + 3;
                    if ball_ang > 90 + angRange then
                        rotate_cw <= '1';
                    end if;
                end if;
            end if;
        end if;
        ball_Y <= 90;
    when others = >
    if cnt = cntRange then
        if ball_X < 0 then
            ball_X <= 15;
        elsif ball_X > ballXRange then
```

```
                                    ball_x <= ballXRange - 15;
------------- 球超出上下边界,游戏结束,回归等待 ---------------
                        elsif ((ball_z < 10 or ball_Z > ballZRange - 10) and ball_state /=
waiting) then
                            ball_state <= waiting;
                            if (ball_z < 10) then
                                status_s <= "10";
                            elsif (ball_z > ballZRange - 10) then
                                status_s <= "11";
                            end if;
------------- 球超出左右边界 ---------------
                        elsif (ball_X < boundaryXRange   and ball_state /= left_boundary and
ball_state /= pat1Range and ball_state /= pat2Range) then
                            if ball_ang > 0 then
                                ball_ang <= 180 - ball_ang;
                            else
                                ball_ang <= -180 - ball_ang;
                            end if;
                            ball_state <= left_boundary;
                        elsif (ball_X > ballXRange - boundaryXRange and ball_state /= right_
boundary and ball_state /= pat1Range and ball_state /= pat2Range) then
                            if ball_ang > 0 then
                                ball_ang <= 180 - ball_ang;
                            else
                                ball_ang <= -180 - ball_ang;
                            end if;
                            ball_state <= right_boundary;
------------- 球被球拍接住 ---------------
                        elsif ball_Z < boundaryZRange and ball_X > pat1_X - 20 and ball_X < pat1_
X + 20 and catch_state = pat1 then
-- and catch_state = pat1 then
                            if ball_X < pat1_X and ball_ang < -(90 - angRange) then
                                                -- pat1 球拍左侧
                                ball_ang <= -(ball_ang + 10);
                            elsif ball_X > pat1_X and ball_ang > -(90 + angRange) then
                                ball_ang <= -(ball_ang - 10);
                            else
                                ball_ang <= -ball_ang;
                            end if;
                            ball_v <= pat1_v;
                            ball_state <= pat1Range;
                            catch_state <= pat2;
                        elsif ball_Z > ballZRange - boundaryZRange and ball_X > patXRange -
pat2_X - 20 and ball_X < patXRange - pat2_X + 20 and catch_state = pat2 then
-- and catch_state = pat2 then
                            if ball_X < patXRange - pat2_X and ball_ang > (90 - angRange) then
                                                -- pat2 球拍左侧
                                ball_ang <= -(ball_ang - 10);
                             elsif ball_X > patXRange - pat2_X and ball_ang < (90 +
angRange) then
                                ball_ang <= -(ball_ang + 10);
                            else
                                ball_ang <= -ball_ang;
                            end if;
```

```
                        ball_v <= pat2_v;
                        ball_ang <= - ball_ang;
                        ball_state <= pat2Range;
                        catch_state <= pat1;
-------------- 球在飞行,一般情况 ---------------
                    else if ball_Z > ballZRange - boundaryZRange or ball_Z < boundaryZRange
or ball_X > ballXRange - boundaryXRange or ball_X < boundaryXRange then
                        ball_state <= flying;
                    end if;
                    ball_X <= ball_X + ball_v * cosx / 1000;
                    ball_Y <= to_integer(unsigned(tmp_ball_y));
                    ball_Z <= ball_Z + ball_v * sinx / 1000;
                end if;
                if (catch_state = pat1) then
                    ball_pos_addr <= std_logic_vector (to_unsigned(ball_Z, ball_pos_addr'
length));
                else
                    ball_pos_addr <= std_logic_vector
(to_unsigned(ballZRange - ball_Z, ball_pos_addr'length));
                end if;
                end if;
            end case;
        end if;
    end process;
end architecture;
```

3. 传感器控制模块

```
entity sensor is
generic(
    patvRange : integer := 14
);

port(
    clk : in std_logic;              -- 100MHz 时钟
    rst : in std_logic;              -- 低电平复位
    rx : in std_logic;               -- 数据读取,接连 uart tx 接口
    x, y, z : out integer;
    is_hit : out std_logic;
    pat_v : out integer range 0 to patvRange
);
end entity;

architecture bev of sensor is
    -------------------- 调用 uart 接口解析数据 --------------------
component uart is
port(
    clk : in std_logic;
    rst : in std_logic;
    rx : in std_logic;
    rd : out std_logic_vector(7 downto 0);
    is_data_valid : out std_logic;
    uart_clk : out std_logic
```

```vhdl
    );
end component;
    -------------------- uart component 信号 --------------------
signal is_data_valid : std_logic;      -- 数据是否有效
signal rd_valid : std_logic_vector(7 downto 0);
                                -- 读取的有效数据
signal data_buffer : std_logic_vector(71 downto 0);
                                -- 存储一个包中的全部数据
signal ax_h, ay_h, az_h : integer range - 160 to 160;
                                -- 各方向体轴加速度
signal angx, angy, angz : integer range - 180 to 180;
                                -- 滚转角(x 轴)、俯仰角(y 轴)、偏航角(z 轴)
signal uart_clk : std_logic;           -- uart 分频后时钟
signal read_ang, read_acc : std_logic;
                                -- 上升沿代表角度(速度)数据更新
type r_s is (head, data, reading, check_sum); signal read_state : r_s;
                                -- 读取数据状态: 具体如下面解析代码所示
type d_s is (acc, ang); signal data_type : d_s;
                                -- 读取数据类型: acc,加速度; ang,角度
signal cnt : integer range 0 to 8: = 0;


begin
    -------------------- 完成元件例化的映射关系 --------------------
    sensor_uart : uart port map(
        clk = > clk,
        rst = > rst,
        rx = > rx,
        is_data_valid = > is_data_valid,
        rd = > rd_valid,
        uart_clk = > uart_clk);
    -------------------- 利用 uart 元件读取包信息 --------------------
read_package : process(clk, rx, rst) is
variable tp : integer;
begin
    -------------------- 读完包中数据字节 --------------------
    if cnt = 8 then
        cnt < = 0;
        read_state < = check_sum;
    elsif rst = '0' then
        read_state < = head;
        cnt < = 0;
        read_acc < = '0';
        read_ang < = '0';
    elsif rising_edge(uart_clk) then
        if is_data_valid = '1' then
    -------------------- 检查数据包头 --------------------
            case read_state is
                when head = >
                    if rd_valid = x"55" then
                        read_state < = data;
                        cnt < = 0;
                    end if;
    -------------------- 确认数据包类型 --------------------
                when data = >
```

```vhdl
                data_buffer(71 downto 64) <= rd_valid;
                case rd_valid is
                    when x"51" =>
                        data_type <= acc;
                        read_state <= reading;
                    when x"53" =>
                        data_type <= ang;
                        read_state <= reading;
                    when others =>
                        read_state <= head;
                end case;
```
--------------------- 读入数据到缓存中 ---------------------
```vhdl
            when reading =>--
                data_buffer(8 * cnt + 7 downto 8 * cnt + 0) <= rd_valid;
                cnt <= cnt + 1;
                read_acc <= '0';
                read_ang <= '0';
```
--------------------- 检查数据,合格时进行计算 ---------------------
```vhdl
            when check_sum =>
                read_state <= head;
                if conv_std_logic_vector(conv_integer(data_buffer(7 downto 0)) + conv_
integer(data_buffer(15 downto 8)) +
                    conv_integer(data_buffer(23 downto 16)) + conv_integer(data_buffer(31
downto 24)) +
                    conv_integer(data_buffer(39 downto 32)) + conv_integer(data_buffer(47
downto 40)) +
                    conv_integer(data_buffer(55 downto 48)) + conv_integer(data_buffer(63
downto 56)) + conv_integer(data_buffer(71 downto 64)) + 85,8) = rd_valid then
                    case data_type is
```
--------------------- 解析体轴加速度 ---------------------
```vhdl
                        when acc =>
                            ax_h <= (conv_integer(signed(data_buffer
(15 downto 8))) * 256 + conv_integer(data_buffer(7 downto 0))) / 209;
                            ay_h <= (conv_integer(signed(data_buffer
(31 downto 24))) * 256 + conv_integer(data_buffer(23 downto 16))) / 209;
                            az_h <= (conv_integer(signed(data_buffer
(47 downto 40))) * 256 + conv_integer(data_buffer(39 downto 32))) / 209;
```
------------ 用于模拟击球力度(速度) ------------
```vhdl
                            if (ax_h < -10 or ax_h > 10) then
                                is_hit <= '1';
                                if(ax_h < -20 or ax_h > 20) then
                                    pat_v <= patvRange;
                                else
                                    pat_v <= (abs(ax_h) - 10) + 4;
                                end if;
                            else
                                is_hit <= '0';
                                pat_v <= 4;
                            end if;
                            read_acc <= '1';
```
--------------------- 解析角度信息 ---------------------
```vhdl
                        when ang =>
                            angx <= (conv_integer(signed(data_buffer(15 downto 8))) *
256 + conv_integer(data_buffer(7 downto 0))) / 182;
```

```
                                    read_ang < = '1';
                          when others = > null;
                        end case;
                    end if;
              when others = > null;
            end case;
        end if;
    end if;
end process;
---------------- 进行物理运算,用 angx 模拟 x 变化 -------------
physics : process(read_ang, rst) is
begin
    if rst = '0' then
        null;
    elsif rising_edge(read_ang) then
        if(angx < 0) then
            x < = ( angx + 180 ) * 73 / 100 + 80;
        else
            x < = ( angx - 70 ) * 73 / 100 ;
        end if;
    end if;
end process;
end architecture;
```

4. uart 模块

```
entity uart is
    port(
        clk : in std_logic;                  -- 100MHz 时钟
        rst : in std_logic;                  -- rst 信号
        rx : in std_logic;                   -- 串口读取信号
        rd : out std_logic_vector(7 downto 0); -- 读取的 8 位向量值
        is_data_valid : out std_logic;       -- 数据是否有效
        uart_clk : out std_logic             -- 串口时钟信号
        );
end entity;

architecture bev of uart is
    signal cnt : integer range 0 to 867 : = 0;
                                         -- 分频: 100MHz 时钟采用 867 分频后为 115 200b/s
    signal pointer : integer range - 1 to 8 : = - 1;
                                         -- 记录状态: 具体意义参见解析部分代码
    signal rd_tp : std_logic_vector(7 downto 0);
    signal rx_check : std_logic;         -- 上升沿时读取数据
begin
process(clk, rst) is
begin
    uart_clk < = rx_check;
    if rising_edge(clk) then
        cnt < = cnt + 1;
        if cnt = 867 then
            rx_check < = '1';
            cnt < = 0;
```

```vhdl
            elsif cnt = 20 then              -- 延迟一定时间
                rx_check <= '0';
            end if;
        end if;
end process;

process(clk, rst) is
begin
    if rst = '0' then
        is_data_valid <= '0';
        rd_tp <= x"00";
        pointer <= -1;
    elsif rising_edge(rx_check) then         -- 上升沿时检查数据
        is_data_valid <= '0';
        case pointer is
            when -1 =>                        -- 检查起始信号,如果电平拉低说明开始1字节
                if rx = '0' then
                    pointer <= pointer + 1;
                end if;
            when 8 =>                         -- 检查结束信号,如果电平拉高说明结束1字节
                if rx = '1' then
                    is_data_valid <= '1';
                    rd <= rd_tp;
                end if;
                pointer <= -1;
            when others =>                    -- 字节读入中,即 pointer 处于[0,7]之间
                rd_tp(pointer) <= rx;
                pointer <= pointer + 1;
        end case;
    end if;
end process;
end architecture;
```

图 书 资 源 支 持

感谢您一直以来对清华版图书的支持和爱护。为了配合本书的使用,本书提供配套的资源,有需求的读者请扫描下方的"书圈"微信公众号二维码,在图书专区下载,也可以拨打电话或发送电子邮件咨询。

如果您在使用本书的过程中遇到了什么问题,或者有相关图书出版计划,也请您发邮件告诉我们,以便我们更好地为您服务。

我们的联系方式:

清华大学出版社计算机与信息分社网站: https://www.shuimushuhui.com/

地　　址: 北京市海淀区双清路学研大厦 A 座 714

邮　　编: 100084

电　　话: 010-83470236　010-83470237

客服邮箱: 2301891038@qq.com

QQ: 2301891038（请写明您的单位和姓名）

资源下载: 关注公众号"书圈"下载配套资源。

资源下载、样书申请

书 圈

图书案例

清华计算机学堂

观看课程直播